云环境下大数据分析平台

关键技术研究

戴 伟◎著

中国水利水电出版社
www.waterpub.com.cn
·北京·

内 容 提 要

在如今的社会,大数据的应用越来越彰显它的优势,它的应用范围也越来越广,如电子商务、O2O、物流配送等,在物理学、生物学、环境生态学等领域以及军事、金融、通信等行业也有涉及。

本书以云计算与大数据基础开篇,简单介绍了分布式文件系统 HDFS 与 NoSQL 数据库技术,重点对分布式计算框架 MapReduce、Hadoop 技术、云数据中心、大数据与数据挖掘技术进行了阐述。

本书叙述语言简洁、逻辑清楚、内容详尽,是一本值得学习研究的著作。

图书在版编目(CIP)数据

云环境下大数据分析平台关键技术研究/戴伟著.
--北京:中国水利水电出版社,2017.6(2022.9重印)
ISBN 978-7-5170-5537-2

Ⅰ.①云⋯ Ⅱ.①戴⋯ Ⅲ.①数据处理—研究 Ⅳ.
①TP274

中国版本图书馆 CIP 数据核字(2017)第 148924 号

书　　名	云环境下大数据分析平台关键技术研究
	YUNHUANJING XIA DASHUJU FENXI PINGTAI GUANJIAN JISHU YANJIU
作　　者	戴 伟 著
出版发行	中国水利水电出版社
	(北京市海淀区玉渊潭南路 1 号 D 座 100038)
	网址:www. waterpub. com. cn
	E-mail:sales@waterpub. com. cn
	电话:(010)68367658(营销中心)
经　　售	北京科水图书销售中心(零售)
	电话:(010)88383994、63202643、68545874
	全国各地新华书店和相关出版物销售网点
排　　版	北京亚吉飞数码科技有限公司
印　　刷	天津光之彩印刷有限公司
规　　格	170mm×240mm　16 开本　14.5 印张　260 千字
版　　次	2017 年 10 月第 1 版　2022 年 9 月第 2 次印刷
印　　数	2001—3001 册
定　　价	43.50 元

前　言

　　计算机的发展,特别是网络技术的发展催生了云计算技术的出现,云计算被认为是信息技术的一次重大变革。云计算、物联网、社交网络的发展使人类社会的数据产生方式发生了变化,社会数据的规模正在以前所未有的速度增长,出现了大量的非结构化和半结构化数据,单位也由 TB 级别跨越到了 PB、EB 级别,大量信息源产生的这些数据已远远超越目前人力所能处理的范围,人们在思索如何对这些数据进行管理及使用时,逐渐探索出一个新的领域——大数据技术。

　　大数据的“大”不仅指其容量,还体现在多样性、处理速度和复杂度等方面。无论人们是否关注过,海量的数据已如决堤之洪流涌入人们的生活,大数据的时代已然到来了。可以目睹的是,大数据的激流已经给个人生活、企业经营乃至国家和社会的全面发展带来了新的机遇与挑战。在如今的社会,大数据的应用越来越彰显它的优势,它占领的领域也越来越大,如电子商务、O2O、物流配送等,在物理学、生物学、环境生态学等领域以及军事、金融、通信等行业存在也早已有些时日了。各种利用大数据进行发展的领域正在协助企业不断地发展新业务和创新运营模式。谷歌、Amazon、Facebook 等全球知名互联网企业作为大数据领域的先驱者,凭借自身力量进行大数据探索,甚至在必要时创造出相关工具。这些工具目前已经被视为大数据技术的基础。

　　随着大数据技术和市场的快速发展,驾驭大数据的呼声渐涨,蕴含在大数据中的价值使得大数据已经成为 IT 信息产业中最具潜力的蓝海,这也使得学习及掌握国际前沿的大数据处理工具和解决方案中的核心技术显得十分迫切。从全球角度来看,对大数据的认识、研究和应用还都处于初期阶段,特别是对我国来说,大数据真正落地还需要一个长期的过程。而且大数据技术有别于传统数据处理工具和技术,掌握难度较大,不仅需要 1～2 年的反复尝试,而且在实际使用中解决了大量问题之后才能正确理解它。

　　本书共分为 7 章,内容涵盖了云计算与大数据的基本概念,大数据的关键技术和应用。第 1 章主要对云计算与大数据基础进行阐述,内容包括云计算的概述、关键技术简介、大数据时代的机遇与挑战、大数据的技术体系、大数据与云计算之间的关系。在大数据时代,海量数据的增长促使人们对数据的组织和存储进行管理,由此出现海量数据存储技术——分布式文件系统 HDFS,第 2 章对此技术进行了相应的知识研究。由于传统关系型数据库存在着灵活性差、扩展性差与性能差等原因,人们开始寻求能够满足扩展性方面需求的数据库,将那些存储系统转向采用不同的解决方案、没有固定数据模式的系统称为 NoSQL,第 3 章对此内容进行重点阐述。全球每时每刻都有大量的数据生成,想要对如此多的数据进行分析处理,传统工具已明显力不从心了,为此出现了分布式计算框架 MapReduce 和 Hadoop 技术,Hadoop 是将 MapReduce 通过开源方式进行实现的框架的名称,是大数据最重要的技术,本书第 4、5 章对此部分内容进行重点阐述。第 6 章为云数据中心,云计算应用的核心技术是数据处理技术,大数据为提升云计算的应用价值提供了新的重要的技术与手段,同时,云计算为大数据提供弹性可扩展的基础设施支撑环境以及数据服务的高效模式,为此,云计算与大数据的高度融合及其深度应用已经势在必行。第 7 章为大数据与数据挖掘技术,大数据时代的重点是数据深度有效利用,也就是数据挖掘,它是各行各业都迫切需要的一项新技术和事业发展的新领域。了解并掌握数据挖掘技术并发挥它的价值,对我国大数据技术水平的增长有着重要意义。

　　云计算与大数据技术复杂、涉及面广,本书在撰写过程中参考并引用了大量前辈学者的研究成果和论述,在此作者向这些学者表达诚挚的敬意和谢意。云计算与大数据技术处在高速发展的技术领域之中,新技术、新方法、新架构层出不穷,加之经验水平有限,书中疏漏之处在所难免,恳请各界专家、学者、读者批评指正。

作者

2017 年 3 月

目 录

第1章　云计算与大数据基础

过去几年里,云计算已成为新兴技术产业中最热门的领域之一,也是继个人计算机、互联网变革后的第三次信息技术浪潮,它将使人类生活、生产方式和商业模式等产生根本性的变革。云计算技术的发展使得人们汇聚、存储和处理数据的能力超过以往,从数据中提取价值的能力也在显著提高。云计算的蓬勃发展开启了大数据时代的大门。随着互联网、移动互联网、物联网、数码设备等的快速发展,更多的智能终端、传感设备等接入到网络,由此产生的数据及增长速度将超过历史上的任何时期,社会化信息正步入大数据(Big Data)时代,"大数据"的概念逐渐成为发展的趋势,这种趋势为理解这个世界和作出决策开启了一扇大门。

1.1　云计算概述

1.1.1　什么是云计算

也许大家都知道瞎子摸象的故事。话说一位商人牵来一头大象,几个瞎子饶有兴趣地对大象抚摸起来。摸到象腿的说,大象像大木桩;摸到耳朵的说,大象像大葵扇;摸到象牙的说,大象像大萝卜;摸到尾巴的说,大象像绳子……云计算诞生初期,人们对它的认识,真有点像瞎子摸象,各有各的说法。

有人说,虚拟化就是云计算;有人说,分布式计算就是云计算;也有人说,把一切资源都放在网上,一切服务都从网上取得就是云计算;更有人说,云计算是一个简单的甚至没有关键技术的东西,它只是一种思维方式的转变,等等。

先来看看为什么用"云"来命名这个新的计算模式,以及云计算中的"云"是什么。

一种比较流行的说法是当工程师画网络拓扑图时,通常是用一朵云来抽象表示不需表述细节的局域网或互联网,而云计算的基础正是互联网,所以就用了"云计算"这个词来命名这个新技术。另外一个原因就是,云计算的始祖——亚马逊将它的第一个云计算服务命名为"弹性计算云"。

其实,云计算中的"云"不仅是互联网这么简单,它还包括了服务器、存储设备等硬件资源和应用软件、集成开发环境、操作系统等软件资源。这些资源数量巨大,可以通过互联网为用户所用。云计算负责管理这些资源,并以很方便的方式提供给用户。用户无须了解资源具体的细节,只需要连接上互联网,就可以使用了。例如,人们使用网络硬盘,只需连接上服务提供商的网站,就可以使用了,不需要知道存放文件的机器型号、存放位置、容量等。存储空间不够? 再申请就可以了。

1.1.2　云计算的特征

云计算如今被热炒,很多商家不管是与不是,都把自己的产品贴上云标签,使得云产品满天飞,甚至以假乱真! 那么,什么样的产品及其应用才算是云计算呢? 答案是具备云计算特征。

云计算的主要特征有:

其一,以网络为依托,通过网络提供服务。云计算所依托的网络主要是互联网,根据需要,也可以是广域网、局域网、企业网及专用网等。

其二,以虚拟技术为基础,用虚拟技术整合软硬件资源和计算能力。

其三,服务透明化。用户使用服务时,无须知道资源的结构、实现方式和所在的位置。

其四,按需自动服务。用户通过云计算可自动获得满足用户需求的计算资源、计算机能力和相关服务。

上述4条是云计算的主要特征,也是云计算的核心。此外,诸如高可靠性、高扩展性、低应用成本等,是对云计算的要求,或云计算应该达到的目标,而非云计算的核心特征。

1.1.3　云计算的结构和层次

1. 云计算参考架构

云计算参考架构中包含了五类重要的用户角色:云用户、云提供商、云载体、云审计和云代理,其中每个角色都是一个实体,既可以是个人也可以是机构,参与云计算的事务处理或任务执行。不同的用户在云计算中扮演不同的角色,它们是云计算的主体和推动力量。

云计算参考架构中的五类角色之间的相互关系如图1-1所示。

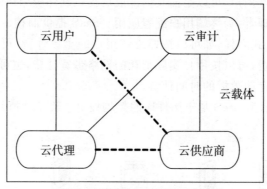

　　·—·—·　云用户和云提供商之间的通信链路
　　———　云审计收集审计所需信息的通信链路
　　----　云代理为云用户提供云服务的通信链路

图 1-1　云计算中各类角色之间的交互关系及通信链路

　　(1)云用户

　　云用户为云服务的使用者,它们与云提供商保持业务联系,使用云提供商提供的各种云服务,可以是个人也可以是机构,如政府、教育机构或企业客户等,它们租用而不是购买云服务提供商提供的各种服务,并为之付费。

　　云用户是云服务的最终消费者,也是云服务的主要受益者。云服务为云用户提供的服务主要包括:浏览云提供商的服务目录;请求适当的服务;云提供商建立服务合同;使用服务。

　　在云计算中,云用户和云服务提供商按照约定的服务等级协议进行通信。这里,服务等级协议(Service Level Agreement,SLA)指在一定开销下为保障服务的性能和可靠性,服务提供商与用户间定义的一种双方认可的协议。云用户使用 SLA 来描述自己所需的云服务的各种技术性能需求,如服务质量、安全、性能失效的补救措施等,云提供商使用 SLA 来提出一些云用户必须遵守的限制或义务等。

　　云用户可以根据价格及提供的服务自由地选择云提供商。服务需求不同,云用户的活动和使用场景就不同。

　　由于云计算环境提供三大类服务,即软件即服务(Software as a Service,SaaS)、平台即服务(Platform as a Service,PaaS)和基础设施即服务(Instruction as a Service,IaaS)。相应地,根据用户使用的服务类型,可以将云用户分为三类,即 SaaS 用户、PaaS 用户和 IaaS 用户。

　　1)软件即服务 SaaS

　　SaaS 用户通过网络使用云提供商提供的 SaaS 应用,它们可以是直接使用软件的终端用户,可以是向其内部成员提供软件应用访问的机构,也可以是软件的管理者,为终端用户配置应用。SaaS 提供商按一定的标准进行计费,且计费方式多样,如可以按照终端用户的个数计费,可以按用户使用软件的时间计费,可以按用户实际消耗的网络带宽计费,也可以按用户存储的数据量或者存储数据的时间计费。

　　图 1-2 所示为 SaaS 基于构件库的架构设计。图 1-3 所示为 SaaS 平台逻辑架构。

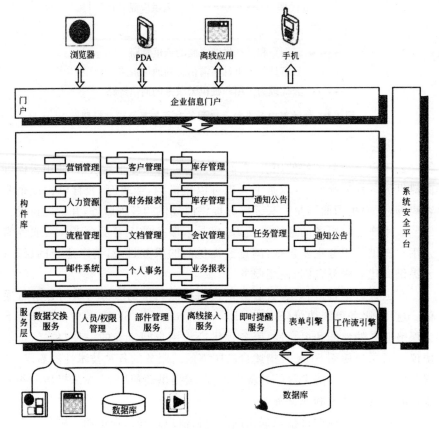

图 1-2　基于构件库的架构设计

2)平台即服务 PaaS

　　PaaS 用户可以使用云服务提供商提供的工具和可执行资源部署、测试、开发和管理托管在云环境中的应用。PaaS 用户可以是设计和开发各种软件的应用开发者,可以是运行和测试基于云环境的应用测试者,可以是在云环境中发布应用的部署者,也可以是在云平台中配置、监控应用性能的管理者。PaaS 提供商按照不同的形式进行计费,如根据 PaaS 应用的计算量、数据存储所占用的空间、网络资源消耗大小及平台的使用时间来计费等。

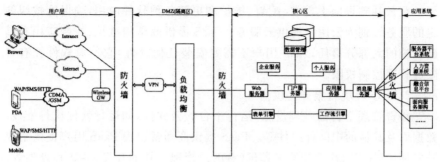

图 1-3　SaaS 平台逻辑架构

3）基础设施即服务 IaaS

IaaS 用户可以直接访问虚拟计算机，通过网络访问存储资源、网络基础设施及其他底层计算资源，并在这些资源上部署和运行任意软件。IaaS 用户可以是系统开发者，系统管理员，以及负责创建、安装、管理和监控 IT 基础设施运营的 IT 管理人员。IaaS 用户具有访问这些计算资源的能力，IaaS 提供商根据其使用的各种计算资源的数量及时间来进行计费，如虚拟计算机的 CPU 小时数、存储空间的大小、消耗的网络带宽、使用的 IP 地址个数等。

（2）云提供商

云服务的提供者，负责提供其他机构或个人感兴趣的服务，可以是个人、机构或者其他实体。云提供商获取和管理提供云服务需要的各种基础设施，运行提供云服务需要的云软件，并为云用户交付云服务。云提供者的主要活动包括以下 5 个方面：服务的部署、服务的组织、云服务的管理、安全和隐私，如图 1-4 所示。

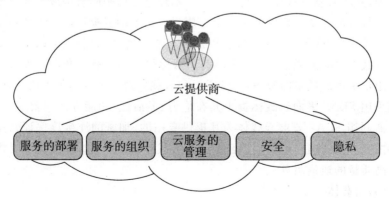

图 1-4　云提供者的主要活动

1)SaaS 环境云提供商

在云基础设施上部署、配置、维护和更新各种软件应用,确保能按照约定的服务级别为云用户提供云服务。SaaS 提供商承担维护、控制应用和基础设施的大部分责任,SaaS 用户不需要安装任何软件,它们对软件拥有有限的管理控制权限。

2)PaaS 环境云服务提供商

负责管理平台的基础设施,运行平台的云软件,如运行软件执行堆栈、数据库及其他的中间件组件等。PaaS 提供商通常也为 PaaS 用户提供集成开发环境(IDE),软件开发工具包(SDK),管理工具的开发、部署和管理等。PaaS 用户具有控制应用程序的权限,也可能具有对托管环境进行各种设置的权限,但无权或者受限访问平台之下的底层基础设施,如网络、服务、操作系统和存储等。

3)IaaS 环境提供商

IaaS 提供商需要位于服务之下的各种物理计算资源,包括服务器、网络、存储和托管基础设施等。IaaS 提供商通过运行云软件使 IaaS 用户能通过服务接口、计算资源抽象如虚拟机、虚拟网络接口等访问 IaaS 服务。反过来,IaaS 用户使用这些计算资源如虚拟计算机来满足自己的基础计算需求。和 SaaS、PaaS 用户相比,IaaS 用户能够从更底层上访问更多的计算资源,因此对应用堆栈中的软件组件具有更多的控制权,包括操作系统和网络。另一方面,IaaS 提供商具有对物理硬件和云软件的控制权,使其能配置这些基础服务,如物理服务器、网络设备、存储设备、主机操作系统和虚拟机管理程序等。

云服务的要求不同,云用户的活动和使用场景就不同。例如,云用户直接向云提供商发送服务请求,云服务提供商接收到云用户请求后,进行相应的处理,并将云服务直接交付给云用户,不经过任何中间机构或个人。云载体负责将云服务从云提供商传输给云用户。这里的云提供商需要两种不同的服务等级协议(图 1-5):①用于和云用户之间的通信(使用 SLA1);②用于和云载体之间的通信(使用 SLA2)。云提供商为了保证能够按照 SLA1 为云用户提供高质量的服务,通常需要和云载体建立一定的服务约定,因此它们采用 SLA2 来向云载体提出其在能力、灵活性、功能方面的要求,如云提供商利用 SLA2 要求云载体为其提供专用的、加密的连接以保证云用户能够按照合同正确使用和消费云服务。云载体将按照 SLA2 来为云提供商提供高质量的通信服务。

(3)云载体

云载体作为中介机构负责提供云用户和云提供商之间云服务的连接和

传输,负责将云提供商的云服务连接和传输到云用户。云载体为云用户提供通过网络、电信和其他设备访问云服务的能力,如云用户可以通过网络设备如计算机、笔记本、移动电话、移动网络设备等访问云服务。

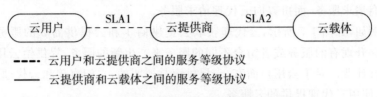

云用户和云提供商之间的服务等级协议

云提供商和云载体之间的服务等级协议

图 1-5　云提供商需要的两种不同服务等级协议

云服务一般是通过网络、电信或者传输代理来提供的,这里传输代理指的是提供高容量硬盘等物理传输介质的商业组织。为了确保能够按照与用户协商的服务等级协议(SLA)为用户提供高质量的云服务,云提供商将和云载体建立相应的服务等级协议,如在必要的时候要求云载体为云提供商和云用户之间建立专用的、安全的连接服务。

(4)云审计

云环境中的审计是指通过审查客观证据验证服务是否符合标准。云审计者是可独立评估云服务,信息系统操作、性能和安全的机构,能够从安全控制、隐私及性能等多个方面对云服务提供商提供的云服务进行评估。

例如,云审计负责对云服务提供商提供的云服务的实现和安全进行独立的评估,因此云审计需要同时与云提供者和云消费者进行交互。如图 1-6 所示,这里的云用户是直接向云提供商请求服务,而不是通过云代理或者其他机构使用云服务,因此云审计在收集审计所需要的信息时,仅需要与云用户和云提供商进行通信,但是在存在云代理或其他中间机构时,为了准确完成审计工作,云审计可能需要收集更多的审计信息,包括从云代理或其他中介机构那里获取信息。

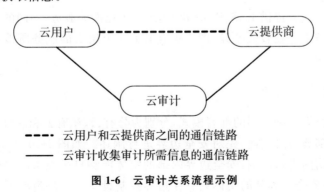

云用户和云提供商之间的通信链路

云审计收集审计所需信息的通信链路

图 1-6　云审计关系流程示例

(5)云代理

云环境中的代理机构,负责管理云服务的使用、性能和分发的实体,也负责在云提供者和云用户之间进行协商。此时,云用户不再需要直接向云提供商请求服务,而可以向云代理请求服务。

例如,如图1-7所示,云代理获取云提供商1和云提供商2的服务,并通过提升现有的服务或者组合不同的服务来产生新的服务,提供给云用户,并进行计费。对于云用户而言,云提供商是透明的,它们直接和云代理进行交互,使用云代理提供的云服务。

云代理提供的云服务包括服务中介、集成、增值三类。

图 1-7　云用户通过云代理使用云服务示例

2. 云计算技术体系

由于云计算的服务分为 IaaS、PaaS 和 SaaS 三种类型,不同的厂家又提供了不同的解决方案,因此目前还没有一个统一的技术体系架构。综合不同厂家的方案,给出一个供商榷的云计算技术体系架构,如图1-8所示。该技术架构概括了不同解决方案的主要特征,每一种方案或许只实现了其中部分功能,或许还有部分相对次要的功能尚未概括进来。

如图1-8所示,云计算技术体系架构分为四层,由下而上分别为物理资源层、资源池层、管理中间件层和 SOA(Service-Oriented Architecture, SOA)构建层。

云计算通常提供 IaaS、PaaS 和 SaaS 三个层次的服务,不同的服务所涉及的核心技术存在较大差异,图1-9给出了三个层次的服务所涉及的技术和典型应用。

3. 云服务部署

云计算有三种不同的部署模式,分别为公有云、私有云和混合云。在介绍云服务部署模式之前,先对安全边界进行阐述。如图1-10所示,安全边界能够对访问进行限制:安全边界内部的实体能够自由地访问安全边界内的资源,而安全边界外的实体只有在边界控制设备允许的情况下才能访问安全边界内的资源。典型的边界控制设备包括防火墙、安全卫士和虚拟专用网。通过对重要资源设置安全边界,机构既能够实现对这些资源的访问控制,又能够实现对这些资源使用情况的监控。更进一步,通过更改配置,机构可以根据需求改变设备的安全边界,如根据业务情况的变化阻止或允许不同的协议或数据格式。

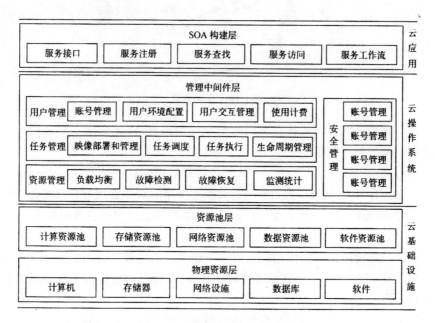

图 1-8　云计算技术体系架构

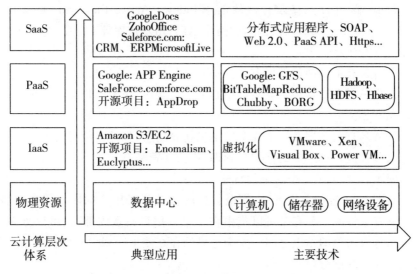

图 1-9　三个层次云计算技术及典型应用

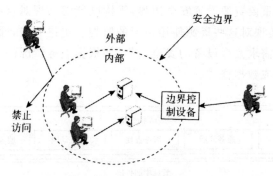

图 1-10   安全边界

不同的云部署模式具有不同的安全控制边界,因此云用户对云资源也具有不同的执行权限。

(1)公有云

在公有云中,云提供商负责公有云服务产品的安全管理及日常操作管理等,用户对云计算的物理安全、逻辑安全的掌控及监管程度较低。图 1-11 给出了一个公有云应用实例图。使用公有云服务的用户既可以是个体用户,也可以是机构用户。个体用户仅需一个能上网的终端设备,如笔记本电脑、手机或 iPad 等通过互联网即可访问云服务;机构用户通过本单位的边界控制设备访问云服务。

①边界控制设备能限制和管理内部用户对公有云的访问。

②边界控制设备也能保护内部设备免受外部攻击。

目前,典型的公有云有微软的 Windows Azure Platform、亚马逊的 AWS、Salesforce. con,以及国内的阿里巴巴、用友伟库等。

(2)私有云

私有云有下列两种部署方式。

①将私有云部署在企业数据中心的防火墙内,由云用户自己管理,称为自建私有云。

②将私有云部署在一个安全的主机托管场所,如外包给托管公司,由托管公司负责云基础设施的维护和管理,称为托管私有云。

图 1-12 给出了一个简单的自建私有云。

对图 1-12 进行分析可知,安全边界既覆盖了云用户的内部资源,也覆盖了私有云资源。私有云可以集中在单个云用户站点内部,也可以分布在多个私有云用户的站点之间。安全边界的存在使得云用户有机会对站点内的私有云资源进行控制。

图 1-13 描述了一个托管私有云。

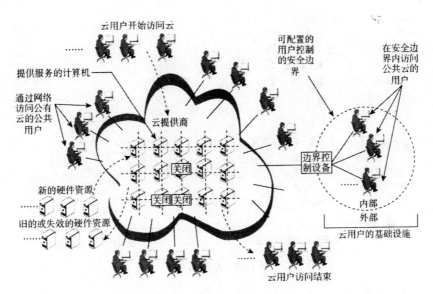

图 1-11 公有云应用实例图

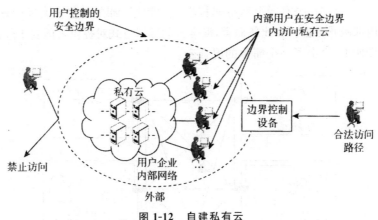

图 1-12 自建私有云

托管私有云有两个安全边界：

①由云用户部署和控制（右边）。

②由云提供商部署和控制（左边）。

这两个安全边界通过一个受保护的通信链路进行连接。如图 1-13 所示，托管私有云中数据和处理的安全性既依赖于两个安全边界的强度，也依赖于受保护的通信链路的强度。云提供商需要加强其内部私有云的安全边界，阻止任何通过安全边界之外的资源访问私有云资源的行为，具体采用什么样的实现机制取决于云用户的安全需求。一般情况下，云提供商需要在安全强度和代价及方便性之间进行权衡。

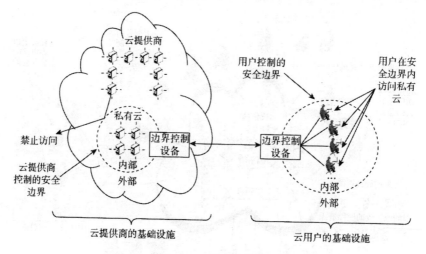

图 1-13　托管私有云

（3）混合云

混合云是由两个或者多个云（私有云、公有云）组合而成的。在混合云计算模式下，机构在公有云上运行非核心应用程序，而在私有云上运行核心程序及内部敏感数据。相比较而言，混合云的部署方式对提供者的要求较高。

图 1-14 给出了一个简单的混合云。

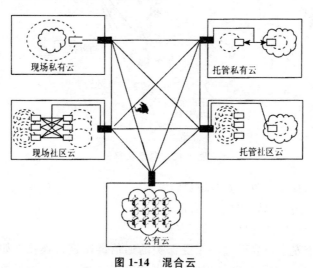

图 1-14　混合云

社区云是图 1-14 中涉及的一类云部署模式。社区云类似于私有云，可分为自建社区云和托管社区云。同时将包含公有云、私有云、混合云中的两种或多种形式的云称为混合云。

1.1.4　云计算平台的系统框架

云计算平台可将各种资源汇聚为"一个可动态分配的计算机系统资源池"，软件、硬件、数据、信息服务等都可以在云计算平台上租赁使用。即云计算平台有 5 个特点、4 种部署模型、3 种服务模型。5 个特点分别为泛在接入、弹性服务、服务可计费、按需服务及资源池化。

从体系结构上可分为四层，云计算平台从下往上分别为资源层、系统层、服务层和操作层。

1.2　云计算关键技术简介

1.2.1　虚拟化

虚拟化是云计算的关键技术，云计算的应用必定要用到虚拟化的技术。虚拟化是实现动态的基础，只有在虚拟化的环境中，云才能实现动态。

虚拟化技术已经成为一个庞大的技术家族，其形式多种多样，实现的应用也已形成体系。但对其分类，从不同的角度有不同分类方法。图 1-15 给出了虚拟化的分类。

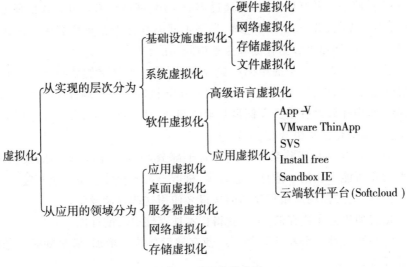

图 1-15　虚拟化的分类

虚拟化技术实现了物理资源的逻辑抽象和统一表示。通过虚拟化技术可以提高资源的利用率,并能够根据用户业务需求的变化,快速、灵活地进行资源部署(图 1-16)。

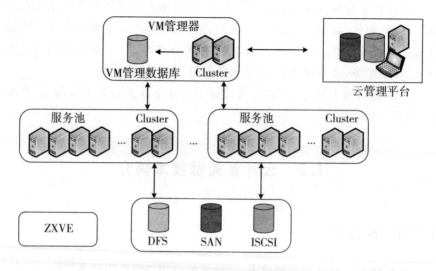

图 1-16　虚拟化平台物理部署

1.2.2　分布式存储

云存储是一种存储技术,它通过集群应用、网格技术和分布式处理等技术,将数量庞大、分布在不同地域、类型不同的存储设备整合起来使之协同工作,共同对外提供数据存储和业务访问功能。

云存储不再是一个简单的存储设备,而是一个完整的系统架构。它由网络设备、存储设备、服务器、应用软件、访问接口和客户端程序等多个部分组成。其中存储设备是云存储最基础的部分,且数量巨大,分布在不同的地域,通过虚拟化技术组合在一起。

分布式存储是指将数据分割为若干部分,分别存储在不同的设备上。这些设备可能不在同一地点。这时候,机器不再与存储设备直接相连,而是通过网络,通过使用应用程序访问接口来使用这些存储设备。

通过使用分布式存储,可以获得比本地存储更高的性能:

①高扩展性。分布式存储可以使存储设备按需增加,满足随时增长的存储要求。

②高传输速度。将数据分散存储,避免了单台服务器网络带宽的瓶颈,提高传输速度。

③高可靠性。数据被复制为几个副本存储在不同的服务器上,单台服务器的故障不影响数据安全。

要将数据分散存储,而又能进行有机整合,高效管理,那就要使用分布式文件系统了。分布式文件系统是指可以通过网络访问存储在多个存储设备中的数据的文件系统。

1.2.3　分布式数据库

分布式数据库能实现动态负载均衡、故障节点自动接管,具有高可靠性、高性能、高可用、高可扩展性,在处理 PB 级以上海量结构化数据的业务上具备明显性能优势。图 1-17 所示为分布式数据库的系统架构。

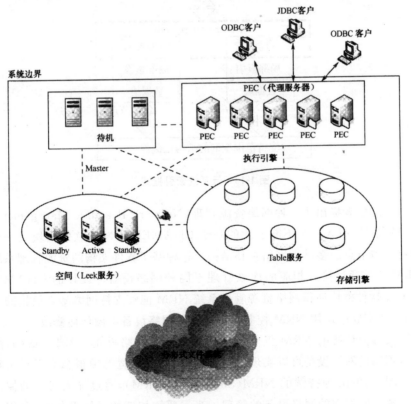

图 1-17　分布式数据库的系统架构

1.2.4 资源管理技术

云系统的出现使得软件供应商对大规模分布式系统的开发变得简单。云系统为开发商和用户提供了简单通用的接口，使开发商能够将注意力更多地集中在软件本身，而无需考虑底层架构。当前的云系统试图通过提高并行度来提升性能，有的学者提出了一个新的解决方案——一个基于结构化覆盖的云系统索引框架。该框架可以减少云内部数据传输量，并便于数据库后台应用的开发。云系统依据用户的资源获取请求，动态分配计算资源。

有的学者研究并提出了一个通用的云系统索引框架，如图 1-18 所示。

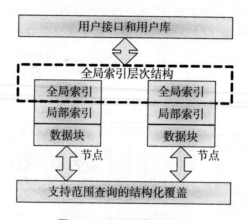

图 1-18 云系统索引框架

有的学者提出了一种网络资源管理（Network Resource Management，NRM）系统，引入一个不断变化的基于 CHAMELEON 的软件模块及一个带有虚拟节点的多结点网络拓扑结构。这种基于软件架构的资源管理系统 NRM 能够通过接入相应的库来管理不同种网络设备。设计的 CHAME-LEON 软件模块使得网络资源管理系统 NRM 能够支持网络基础设施的扩展，并在实验中运用 NRM 控制六种不同的网络设备不做任何修改。

大部分传统的 NRM 仅能控制一种特定的网络设备，如图 1-19（a）所示。不同的网络设备可以实现弹性可变的、保证带宽的虚拟私有云至关重要。图 1-19（b）为持续的 NRM（Sustainable NRM），通过导入对应的控制库实现不同种类的网络设备的管理。当需要添加新的网络设备时，利用基于 CHAMELEON 的软件模块在 NRM 中上传一个新的控制库到库管理服务器（Repository Server），NRM 无需做任何改变即可管理新加设备。

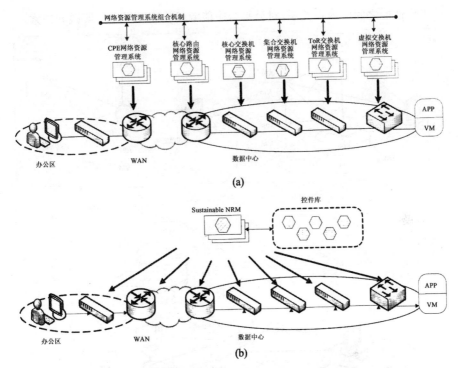

图 1-19　传统 NRMs 架构与 Sustaillable NRM 架构

（a）传统的 NRMs 架构；（b）Sustainable NRM 架构

　　传统的虚拟私有云不能保证网络吞吐量,在虚拟机之间采取一种提供点对点的网络的措施,如图 1-20（a）所示,这种完全网格结构需要虚拟机之间的完全连通,且这种带宽的分配不可扩展。如图中总体物理网络带宽可达到 1Gbps,而对于两个虚拟机之间的平均带宽却仅分配了 250Mbps,则虚拟机之间的带宽就限制在 250Mbps 之下。当需要有新的虚拟机加入时,分配的带宽需要重新计算和重新分配,这种方法较为低效且不够灵活。持续的 NRM 提出的策略如图 1-20（b）所示。类似于星型的拓扑结构,虚拟网络节点作为云网络的中心节点,指派虚拟机与虚拟网络节点作为两终端节点,当需要添加新的虚拟机时,只需在虚拟机与虚拟网络节点之间开辟新的网络路径即可。

1.2.5　能耗管理技术

　　云计算基础设施中包括数以万计的计算机,如何有效地整合资源、降低运行成本、节省运行计算机所需要的能源成为一个关注的热点问题。

　　Shekhar Srikantaiah 等研究了云计算中能源消耗、资源利用率及整合后的工作性能之间的内在关系,对云平台中能源优化问题做出了实践和探索。

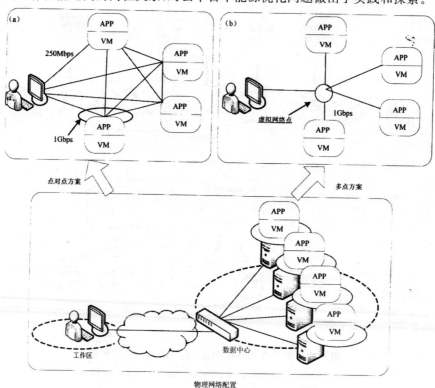

图 1-20　点对点的网络提供与多点网络提供

　　图 1-21 为一个研究资源利用率、计算机工作性能和能源消耗的实验步骤。云中包括 4 台服务器,它们控制来自客户端的 k 个应用程序服务,每个服务器都连接一个测定能量的功率计和一个监控资源利用率的跟踪器。

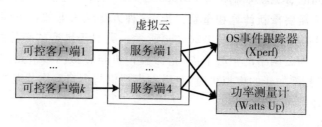

图 1-21　实验步骤

　　经测试发现,计算机性能受磁盘利用率的影响大于受 CPU 利用率的影响,当 CPU 利用率一定时,计算机性能随磁盘利用率的增高而线性降低,计算机性能变化曲线如图 1-22 所示。

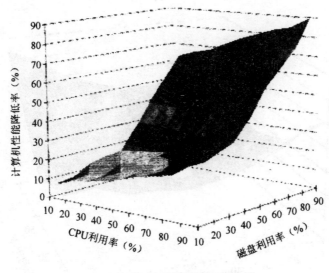

图 1-22　计算机性能变化曲线

计算机能源消耗受 CPU 利用率的影响大于受磁盘利用率的影响,同时能源的消耗在磁盘利用率为 50%,CPU 利用率为 70% 时取得最小值。计算机能源消耗变化曲线如图 1-23 所示。

降低能源消耗的资源整合算法如表 1-1 所示。假如服务器 A 的 CPU 资源利用率是 30%,磁盘利用率是 30%,表示为[30,30],服务器 B 为[40,10],两台服务器能源消耗最低的资源利用标准是[80,50],此时一个新的作业请求需要[10,10]的资源。该算法首先计算欧几里德距离 δ,服务器 A 初始的距离为[30,30]−[80,50]=53.8,B 的初始距离为[40,10]−[80,50]=56.6,如果新的作业请求分配给 A,则 A 的距离变为[40,40]−[80,50]=41.2;如分配给 B,则 B 的距离变为[50,20]−[80,50]=42.4。经过比较把作业分配给 A 后使得服务器 A 和 B 的总距离 $\Sigma\delta$ 更大,所以选择此方案。

表 1-1　资源整合算法

分配情况	实际 CPU 利用率	实际硬盘利用率	目标 CPU 利用率	目标磁盘利用率	欧几里德距离 δ	总距离 $\Sigma\delta$
A(初始)	30	30	80	50	53.8	97.8
A(分配后)	40	40	80	50	41.2	
B(初始)	40	10	80	50	56.6	96.2
B(分配后)	50	20	80	50	42.4	

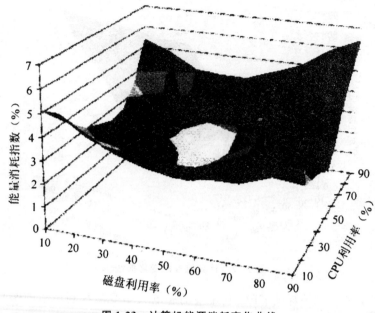

图 1-23　计算机能源消耗变化曲线

为了满足更多的网络服务需求,降低能耗,减少数字媒体下载量,可通过减少数字垃圾、进行策略性的界面设计、提高使用意识、避开使用高峰期等措施实现。

1.3　大数据时代的机遇与挑战

1.3.1　大数据带来大变革

大数据是一个让所有人充满期待的科技新时代。在这个时代中,社会管理效率的提升,社会生产率的提升,社会生活模式的提升,在很大程度上依赖从大数据中所获取的巨大价值。而得到这样巨大的价值,却不需要耗费金银铜等原材料;不需要耗费水电煤等能源;不需要厂房工地;不需要大量劳动力;特别重要的,是不会污染空气水质。正因为这样,在不久的将来,数据将会像土地、石油和资本一样,成为经济运行中的根本性资源,而数据科学家被一致认为是下一个十年最热门的职业。

"大数据时代"来得如此神速,确实有点出乎常人的意料。目前,在数据的获取、存储、搜索、共享、分析、挖掘,乃至可视化展现式,都成为了当前重要的热门研究课题。一个新的词汇——"大数据",不仅悄然诞生,还在全世界迅速流行;一个新的时代,被命名为"大数据时代"的新社会,已经展露其娇媚的容颜;一场"大数据革命",正在以异乎寻常的狂热,席卷着地球的各个角落。有人甚至描绘了一幅更加动人心魄的画面,来突出大数据的无穷魅力:"当每时都有惊喜的海量数据出现在眼前,这是怎样的一幅风景? 在后台居高临下地看着这一切,会不会就是上帝俯视人间万物的感觉?"

所有这一切,预示着一个全新的科技时代——大数据时代已经来到了我们的面前,它必将会带来荡涤旧物、开创新界的巨大能量,人类社会在它的覆盖下,也将呈现全新的面貌。

所有这一切,令地球人充满期待。

1.3.2　大数据的新时代挑战

鉴于数据的复杂性,大数据处理面临着一系列的新时代挑战。

①在类似文本或视频的非结构化数据上,如何去理解及使用。

②该如何在数据产生时捕获最重要的部分,并实时地将它交付给正确的人。

③鉴于当下的数据体积和计算能力,该如何储存、分析及理解这些数据。

④缺乏人才。

⑤其他一些固有的挑战,如隐私、访问安全以及部署。

1.4　大数据的技术体系

随着云计算技术的出现和计算能力的不断提高,人们从数据中提取价值的能力也在显著提高。此外,由于越来越多的人、设备和传感器通过网络连接起来,产生、传送、分析和分享数据的能力也得到彻底变革。数据在类型、深度与广度等方面都在飞速地增长着,给当前的数据管理和数据分析技术带来了重大挑战。为了从大数据中挖掘出更多的信息,需要应对大数据在容量、数据多样性、处理速度和价值挖掘等方面的挑战,而云计算技术是大数据技术体系的基石。一个典型的大数据处理系统主要包括数据源、数据采集、数据存储、数据处理、分析应用和数据展现等,其技术体系如图 1-24 所示。

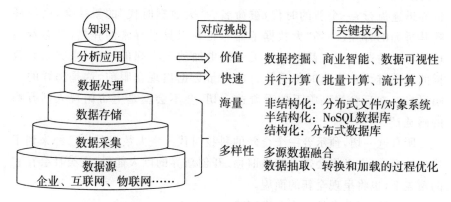

图 1-24　大数据技术体系

1.4.1　数据采集

在大数据时代,企业、互联网、移动互联网和物联网等提供了大量的数据源,这不同于以往数据主要产生于企业内部的情况,增大了数据采集难度。同时,为了对这些不同种类的数据进行预处理,需要对这些数据进行清洗、过滤、抽取、转换和加载,以及不同数据源的融合处理等操作。

1.4.2　数据存储

大数据时代首先需要解决的问题就是数据的存储问题,除了传统的结构化数据,大数据面临更多的是非结构化数据和半结构化数据存储需求。非结构化数据主要采用分布式文件系统或对象存储系统进行存储,如开源的 HDPS(Hadoop Distributed File System)、Lustre、GlusterFS 和 Ceph 等分布式文件系统可以扩展至 10PB 级甚至 100PB 级。半结构化数据主要使用 NoSQL 数据库存放,结构化数据仍然可以存放在关系型数据库中。

1.4.3　数据处理

在大数据时代,数据处理需要满足如下几个重要特性,如表 1-2 所示。

表 1-2　大数据时代数据处理要求

特　性	说　明
高度可扩展性	Scale-out 方式扩展,支持大规模并行数据处理
高性能	快速响应数据查询与分析需求
较低成本	基于通用硬件服务器,性价比较高
高容错性	查询失败时,只需重做部分工作
易用且开放接口	既能方便查询,又能进行复杂分析
向下兼容	支持传统商业智能工具

　　数据仓库是处理传统企业结构化数据的主要手段,其在大数据时代产生了三个变化:①数据量,由 TB 级增长至 PB 级,并仍在继续增加;②分析复杂性,由常规分析向深度分析转变,当前企业已不仅满足对现有数据的静态分析和监测,而更希望能对未来趋势有更多的分析和预测,以增强企业竞争力;③硬件平台,传统数据库大多是基于小型机等硬件构建,在数据量快速增长的情况下,成本会急剧增加,大数据时代的并行仓库更多是转向通用 X86 服务器构建。同时,传统数据仓库在处理过程中需要进行大量的数据移动,在大数据时代代价过高;其次,传统数据仓库不能快速适应变化,对于大数据时代处于变化的业务环境,其效果有限。

　　为了应对海量非(半)结构化数据的处理需求,以 MapReduce 模型为代表的开源 Hadoop 平台几乎成为非(半)结构化数据处理的事实标准。当前开源 Hadoop 及其生态系统已日益成熟,大大降低了数据处理的技术门槛,如图 1-25 所示。基于廉价硬件服务器平台,可以大大降低海量数据处理的成本。

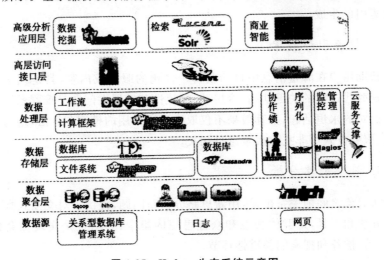

图 1-25　Hadoop 生态系统示意图

　　数据的价值随着时间的流逝而降低,因此需要对数据或事件进行及时处理,而传统数据仓库或 Hadoop 等工具最快也要分钟级才能输出结果。为了应对这种数据实时性的处理需求,业界出现了实时流数据分析方法和复杂事件处理(Complex Event Processing,CEP)。其主要用于实时搜索、实时交易系统、实时欺骗分析、实时监控、社交网络等,随着数据的流动获取和分析,只保存极少量的数据。常见系统有 Yahoo S4、Twitter Storm 和各种商业公司的 CEP 产品等。

1.4.4　数据挖掘

　　大数据时代数据挖掘主要包括并行数据挖掘、搜索引擎技术、推荐引擎技术和社交网络分析等。

　　1. 并行数据挖掘

　　挖掘过程包括预处理、模式提取、验证和部署四个步骤,对于数据和业务目标的充分理解是做好数据挖掘的前提,需要借助 MapReduce 计算架构和 HDFS 存储系统完成算法的并行化和数据的分布式处理。

　　2. 搜索引擎技术

　　可以帮助用户在海量数据中迅速定位到需要的信息,只有理解了文档和用户的真实意图,做好内容匹配和重要性排序,才能提供优秀的搜索服务,需要借助 MapReduce 计算架构和 HDFS 存储系统完成文档的存储和倒排索引的生成。

　　3. 推荐引擎技术

　　帮助用户在海量信息中自动获得个性化的服务或内容,其是搜索时代向发现时代过渡的关键动因,冷启动、稀疏性和扩展性问题是推荐系统需要直接面对的永恒话题,推荐效果不仅取决于所采用的模型和算法,还与产品形态、服务方式等非技术因素息息相关。

　　4. 社交网络分析

　　从对象之间的关系出发,用新思路分析新问题,提供了对交互式数据的挖掘方法和工具,是群体智慧和众包思想的集中体现,也是实现社会化过滤、营销、推荐和搜索的关键性环节。

1.4.5 数据可视化展示

数据可视化旨在借助图形化的手段,揭示隐藏在数据背后的模式与数据之间的联系。在大数据时代,如何从海量的数据中找到有用的信息,并以直观、清晰、有效的形式展现出来,已经成为一大挑战,其可以有效地提升对数据的使用效率。

目前数据可视化已经提出了许多方法,这些方法根据其可视化原理的不同可以划分为基于几何的技术、面向像素的技术、基于图标的技术、基于层次的技术、基于图像的技术和分布式技术等。

1.4.6 大数据隐私安全

大数据处理中涉及许多个人隐私信息,大数据时代的数据隐私安全比以往更重要,技术人员需要保证合法合理地使用数据,避免给用户带来困扰。当前业界云安全联盟(Cloud Security Alliance,CSA)已经成立了大数据工作组,并将开展相关工作寻找针对数据中心安全和隐私问题的解决方案。该工作组有四个目标:第一,建立对大数据安全和隐私保护的优秀实践;第二,帮助行业和政府采用数据安全和隐私保护技术来开展实践;第三,与标准组织建立联系,影响和推动大数据安全和隐私标准的制定;第四,促进数据安全和隐私保护方面的创新技术和方法研究等。工作组计划在六个主题上提供研究和指导,包括数据规模加密、云基础设施、安全数据分析、框架和分类、政策和控制以及隐私等。

1.5 大数据与云计算之间的关系

目前,当大数据越来越受到重视和追捧的时候,人们自然会想到这几年风起云涌的"云计算"。云计算的"云"也是蕴含"巨大"的意思,那么,大数据和云计算是一回事吗?

有人把云计算和大数据比作是一个硬币的两面。云计算是大数据的IT 基础和平台,而大数据是云计算范畴内最重要最关键的应用。大数据体现的是结果,云计算体现的是过程。由于云计算的存在,使大数据的价值得以挖掘和体现。云计算是大数据成长的驱动力。而另一方面,由于大数据的巨大价值越来越被社会各行各业所发现所重视,大数据的地位日益重要。

在某种意义上看,大数据的地位已超越云计算。但是客观地评价,大数据和云计算两者之间是相辅相成、缺一不可的,也就是说,它们是同等重要的。就如一个硬币的两面,互为依存,各有所用。

而我们更喜欢说,云计算是一棵挂满了大数据果实的大树。这棵树的存在,给大数据提供了必需的成长要素和营养价值。只有管好用好大树,才能获得累累的果实。或者,用业界的一句话来概括,就是"大数据为本,云计算为术。"

云计算已经逐渐普及,并成为 IT 行业主流技术。现在,个人用户将文档、照片、视频、游戏存档记录上传至"云"中永久保存,这已是小学生都会操作的事情。企业客户根据自身需求,可以搭建自己的"私有云",或托管、或租用"公有云"上的 IT 资源与服务,这些都已经是企业常态,司空见惯而不再是新闻。

云计算的实质是在数据越来越多、越来越动态、越来越实时的大数据时代背景下被催生出来的一种技术架构和商业模式。在大数据面前,如果不以云计算的思路和方法进行挖掘和分析,数据往往就是僵死的,没有什么价值。而海量数据被充分利用起来,这就是一种新的巨量财富,并会给几乎全部的行业带来翻天覆地的进步。

大数据正在引发全球范围内深刻的技术和商业的变革。在商业模式上,大数据意味着前所未有的业务与服务创新的机会。零售连锁企业、电子商务巨头都已在大数据挖掘与营销创新方面获得很多成功的案例,也因此获得了极为丰厚的回报。其实,只要有大数据的地方,就能引发"大数据革命"。这对于政府、军队、金融、科研、电信、教育、医疗等各行各业的发展都能产生极为巨大的影响。

当然,需要特别强调的是,实现这些目标是有前提的,这就是需要在云计算的背景下实现大数据的重要功能。如果没有云计算的话,大数据就类似在作坊里造航母,是没有任何意义的。

以 Amazon 的 AWS 为例来看一个云计算和大数据结合的实例。AWS 总体上成熟度很高,Netflix、Pinterest、Coursera 都在使用 AWS。如图 1-26 所示,S3 是简单面向对象的存储,DynamoDB 是对关系型数据库的补充,Glacier 对冷数据做归档处理,EC2 就是基础的虚拟主机,Elastic MapReduce(EMR)直接打包 MapReduce 来提供计算服务,使用 EMR 可以按需组建一个由节点组成的集群。这些集群用于 Hadoop 的安装和配置。Anlazon 提供了非常类似 Kafka 的服务,称之为 Kinesis。它同时作为使用 EC2 进行分布式流处理的基础。

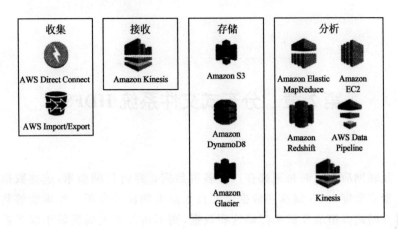

图 1-26 AWS

小 结

本章首先介绍了云计算的一些基本知识,包括云计算的定义与特征、结构和层次、平台的系统框架、关键技术。其中,云计算的关键技术涉及虚拟化技术、分布式存储、分布式数据库、资源管理技术、能耗管理技术。

接着对大数据技术进行了简单的介绍。

人类对数据的存储和利用达到一定程度的时候,终于发现在有效挖掘海量数据(即大数据)的基础上,能够发现其他科研方法所不能及时发现的知识、规律和商机。

从大数据中发现知识、规律和商机的办法是最直接、最高效、最环保的,体现了最新最强大的生产力,使人类科学技术的发展进入了一个新时代,即大数据时代。

大数据时代的到来,与人类对数据的采集、保存、分析、利用达到较高程度有关,特别是与计算机技术的高速发展有关。人类对大数据的开发和利用,是依靠大数据的挖掘技术来达到的。大数据挖掘技术是大数据时代的核心。

由于大数据与云计算之间的密切关系,最后对大数据与云计算的关系进行了概括。

第2章 分布式文件系统 HDFS

　　互联网应用每时每刻都在产生各种数据。经过长期积累,这些数据文件总量非常庞大,存储这些数据需要投入巨大的硬件资源。如果能够利用已有空闲磁盘组成集群来存储这些数据,则不再需要大规模采集服务器存储数据或购买容量庞大的磁盘,减少了硬件成本,使用分布式存储思想可以解决这个问题。

　　一个只有500GB的单机节点无法一次性处理连续的 PB 级的数据,那么应如何解决这个问题呢? 这就需要把大规模数据集分别存储在多个不同节点的系统中,实现跨网络的多个节点资源的文件系统,即分布式文件系统(Distributed File System)。它与普通磁盘文件系统有很多相似之处,但由于整个架构是部署在网络上,而网络编程的复杂性和网络本身的不可靠性势必造成分布式文件系统要比普通的磁盘系统复杂。

2.1　HDFS 概述

　　HDFS(Hadoop Distributed File System)是基于流数据模式访问和处理超大文件的需求而开发的,是一个分布式文件系统。它是 Google 的 GFS 提出之后出现的另外一种文件系统。它是一个高度容错性系统,适合部署在廉价的机器上,同时,它提供了高吞吐量的数据访问,非常适合应用在大规模数据集上。

2.1.1　HDFS 的特点

　　HDFS 用来设计存储大数据,并且是分布式存储,所以其特点都与大数据和分布式有关。HDFS 和传统的分布式文件系统相比较,有其独特的特性,可以总结为以下几点。

1．简单一致性

对 HDFS 的大部分应用都是一次写入多次读（只能有一个 Writer，但可以有多个 Reader），如搜索引擎程序，一个文件写入后就不能修改了。因此写入 HDFS 的文件不能修改或编辑，如果一定要进行这样的操作，只能在 HDFS 外修改好了再上传。

2．故障检测和自动恢复

企业级的 HDFS 文件由数百甚至上千个节点组成，而这些节点往往是一些廉价的硬件，这样故障就成了常态。HDFS 具有容错性（Fault-tolerant），能够自动检测故障并迅速恢复，因此用户察觉不到明显的中断。

由于容错性高，因此非常适合在通用的硬件平台来构建和部署容错性很高的分布式系统。容易扩展是指扩展无须改变架构，只需要增加节点即可，同时可配置性很强。

3．流式数据访问

Hadoop 的访问模式是一次写多次读，而读可以在不同节点的冗余副本进行，所以读数据的时间相应可以非常短，非常适合大数据读取。运行在 HDFS 上的程序必须是流式访问数据集，接着长时间在大数据集上进行各类分析，所以 HDFS 的设计旨在提高数据吞吐量，而不是用户交互型的小数据。HDFS 放宽了对 POSIX（可移植操作系统接口）规范的强制性要求，去掉一些没必要的语义，这样可以获得更好的吞吐量。

4．支持超大文件

由于更高的访问吞吐量，HDFS 支持 GB 级甚至 TB 级的文件存储，但如果存储大量小文件的话对主节点的内存影响会很大。

5．优化的读取

由于 HDFS 集群往往是建立在跨多个机架（RACK）的集群机器上的，而同一个机架节点间的网络带宽要优于不同机架上的网络带宽，所以 HDFS 集群中的读操作往往被转换成离读节点最近的一个节点的数据读取；如果 HDFS 跨越多个数据中心那么本数据中心的数据复制优先级要高于其他远程数据中心的优先级。

6. 数据完整性

从某个数据节点上获取的数据块有可能是损坏的,损坏可能是由于存储设备错误、网络错误或者软件 BUG 造成的。HDFS 客户端软件实现了对 HDFS 文件内容的校验和检查(Checksum),当客户端创建一个新的 HDFS 文件时,会计算这个文件每个数据块的校验和,并将校验和作为一个单独的隐藏文件保存在同一个 HDFS 命名空间下。当客户端获取到文件内容后,会对此节点获取的数据与相应文件中的校验和进行匹配。如果不匹配,客户端可以选择从其余节点获取该数据块进行复制。

7. 跨平台

使用 Java 语言开发,支持多个主流平台环境。由于构建在 Java 平台上,HDFS 的跨平台能力毋庸置疑,得益于 Java 平台已经封装好的文件 IO 系统,HDFS 可以在不同的操作系统和计算机上实现同样的客户端和服务端程序[①]。

8. Shell 命令接口

和 Linux 文件系统一样,拥有文件系统 Shell 命令,可直接操作 HDFS。
既然 HDFS 是存取数据的分布式文件系统,那么对 HDFS 的操作,就是文件系统的基本操作,比如文件的创建、修改、删除、修改权限等,文件夹的创建、删除、重命名等。对 HDFS 的操作命令类似于 Linux 的 Shell 对文件的操作,如 ls、mkdir、rm 等[②]。

9. Web 界面

Web HDFS 是 NameNode、DataNode 自带的,Web HDFS 上传文件等操作需要通过某个 DataNode 进行,而不是直接通过 NameNode 上传,客户端有可能访问多个机器[③]。

10. 文件权限和授权

拥有和 Linux 系统类似的文件权限管理。一共提供三类权限模式:只

① 何清,庄福振,曾立,等. PDMiner:基于云计算的并行分布式数据挖掘工具平台[J]. 中国科学:信息科学,2014,44(7):871-885.

② 张功荣. 基于云计算的海量图像处理研究[D]. 福建师范大学,2015.

③ 陈蕊. 基于 HDFS 的云存储系统设计与实现[D]. 厦门大学,2013.

读权限(R)、写入权限(W)和可执行权限(X)。

读取文件或列出目录内容时需要只读权限。写入一个文件或是在一个目录上创建及删除文件或目录时,需要写入权限。

每个文件和目录都有所属用户(Owner)、所属组别(Group)及模式(Mode)。这个模式是由所属用户的权限、组内成员的权限及其他用户的权限组成的[①]。

在 HDFS 中为防止用户或自动工具及程序意外修改或删除文件系统的重要部分,启用权限控制还是很重要的。

11. 机架感知功能

HDFS 数据复制的最重要特性叫作机架感知。运行在计算机集群上的大型 HDFS 实例通常跨越许多个机架。通常情况下,相同机架上机器之间的网络带宽(以及与之相关联的网络性能)远大于不同机架上机器之间的网络带宽。

NameNode 通过 Hadoop 机架感知进程确定各个 DataNode 所属的机架 ID。一种简单的策略是将各个副本分别放置于不同的机架上。这种策略能够在整个机架失效时防止数据丢失,且将副本均匀地分布到集群中。它也允许在读取数据时使用源自多个机架的带宽。但由于在这种情况下,写操作必须将块传输到多个机架上,因此写入性能会受影响[②]。

机架感知策略的一个优化方案是让占用的机架数少于副本数,以减少跨机架写入流量(进而提高写入性能)。例如,当复制因子为 3 时,将两个副本置于同一个机架上,并将第三个副本放在另一个不同的机架上。

2.1.2　HDFS 的设计目标

HDFS 作为 Hadoop 的分布式文件存储系统,与传统的分布式文件系统有很多相同的设计目标,但是也有明显的不同之处。下面简述 HDFS 的设计目标。

1. 检测和快速恢复硬件故障

硬件故障是计算机常见的问题,而非异常问题。整个 HDFS 系统由成百

---

① 蒋向阳. 基于 Hadoop 的云安全存储系统的设计与实现[D]. 广东工业大学,2014.
② 赵龙. 基于 Hadoop 的海量搜索日志分析平台的设计和实现[D]. 大连理工大学,2013.

上千个存储着数据文件的服务器组成,而 HDFS 的每个组件随时都有可能出现故障。因此,故障的检测和快速自动恢复是 HDFS 的一个核心目标。

2. 大规模数据集

运行在 HDFS 上的应用具有很大的数据集。HDFS 上的一个典型文件大小可能都在 GB 级甚至 TB 级,因此 HDFS 支持大文件存储,并能提供整体较高的数据传输带宽,能在一个集群里扩展到数百个节点。一个单一的 HDFS 实例应该能支撑数以千万计的文件。

3. 针对大文件

运行在 HDFS 上的应用具有很大的数据集。文件大小通常都在 GB 或 TB 数量级。因此,HDFS 文件系统设计的存储对象就是大文件。并且,HDFS 应能在一个集群里很容易扩展到数千个节点。

4. 移动计算代价比移动数据代价低

对于大文件来说,移动计算比移动数据的代价要低一些。如果在数据旁边执行操作,那么效率会比较高,当数据特别大的时候效果更加明显,这样可以减少网络的拥塞和提高系统的吞吐量。这样就意味着,将计算移动到数据附近,比之将数据移动到应用所在之处显然更好,HDFS 提供了这样的接口。

一个应用请求的计算,离它操作的数据对象越近计算效率就越高,在数据达到海量级别的时候更是如此。因为这样就能降低网络阻塞的影响,提高系统数据的吞吐量。因此,HDFS 为应用提供了将它们自己移动到数据附近的接口。

5. 通信协议

所有的通信协议都是在 TCP/IP 协议之上的。一旦客户端和明确配置了端口的名字节点(NameNode)建立连接后,它和名字节点的协议便是客户端协议(Client Protocal)。数据节点(DataNode)和名字节点之间则用数据节点协议(DataNode Protocal)。

网络通信模块是分布式底层的模块,它直接支撑了上层分布式环境下复杂的进程间通信 IPC,而 RPC 是一种常用的分布式通信协议,它允许运行在一台计算机的程序调用另一台计算机的子程序,同时封装了实现细节,使得用户无须为这个交互编程。

Hadoop 架构内所有通信都是建立在 IPC 模型的 RPC 基础之上的。

2.2 HDFS 的体系结构

从组织结构上来讲,HDFS 最重要的两个组件为:作为 Master 的 Na-meNode 和作为 Slave 的 DataNode。NameNode 负责管理文件系统的命名空间和客户端对文件的访问;DataNode 是数据存储节点,所有的这些机器通常都是普通的运行 Linux 的机器,运行着用户级别的服务进程。客户端可以和 NameNode 或 DataNode 在同一台服务器上,前提是机器资源允许,并且能够接受不可靠的应用程序代码带来的风险。

2.2.1 Master/Slave 架构

HDFS 是一个典型的主从架构,一个主节点或者说是元数据节点(Na-meNode)负责系统命名空间(NameSpace)的管理、客户端文件操作的控制和存储任务的管理分配,多个从节点或者说是数据节点(DataNode)提供真实文件数据的物理支持,系统架构如图 2-1 所示。

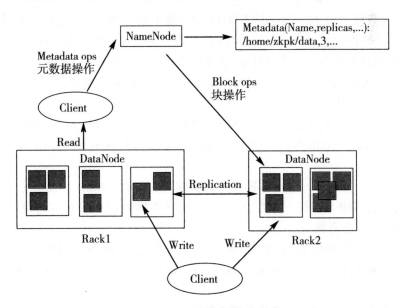

图 2-1 HDFS 架构设计示意图

图 2-1 中展示了 HDFS 的 NameNode、DataNode 以及 Client(客户端)之间的存取访问关系,单一节点的 NameNode 使系统的架构大大地简化

了。NameNode 负责保存和管理所有的 HDFS 元数据,因而用户数据就不需要通过 NameNode,也就是说文件数据的读写是直接在 DataNode 上进行的。

从图 2-1 中可看出,客户端可以通过元数据节点从多个数据节点中读取数据块,而这些文件元数据信息的收集是各个数据节点自发提交给元数据节点的,它存储了文件的基本信息。当数据节点的文件信息有变更时,就会把变更的文件信息传送给元数据节点,元数据节点对数据节点的读取操作都是通过这些元数据信息来查找的。这种重要的信息一般会有备份,存储在次级元数据节点(SecondaryNameNode)。写文件操作也是需要知道各个节点的元数据信息、哪些块有空闲、空闲块位置、离哪个数据节点最近、备份多少次等,然后再写入。在有至少两个支架的情况下,一般除了写入本支架中的几个节点外还会写入到外部支架节点,这就是所谓的"支架感知",如图 2-1 中的 Rack1 与 Rack2 支架。

2.2.2 NameNode、DataNode、SecondaryNameNode

1. NameNode

元数据节点 NameNode 是 HDFS 系统中的主节点,运行在一个节点上,其主要作用是提供元数据服务,负责管理文件系统的命名空间,比如打开、关闭以及重命名文件和目录,将文件数据块映射到 DataNode,处理来自客户端的读写请求等。NameNode 主要由如下功能模块组成。

(1)协议接口

HDFS 采用的是 Master/Slave 架构,而 NameNode 就是 HDFS 的 Master 架构。NameNode 提供的是始终被动接收服务的 Server,主要有三类协议接口。

①ClientProtocol 接口,提供给客户端,用于访问 NameNode。它包含了文件的 HDFS 功能。和 GFS 一样,HDFS 不提供 POSIX 形式的接口,而使用了一个私有接口。

②DataNodeProtocol 接口,用于 DataNode 向 NameNode 通信。

③NameNodeProtocol 接口,用于从 NameNode 到 NameNode 的通信。

(2)结构

抽象的 NameNode 结构如图 2-2 所示。

(3)功能

NameNode 主要功能有以下几点。

①NameNode 提供名称查询服务,它是一个 Jetty 服务器。

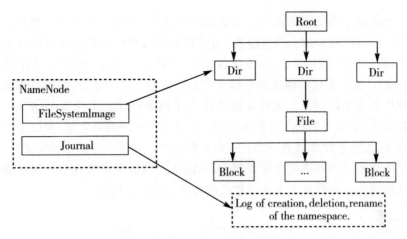

图 2-2　NameNode 结构

②NameNode 保存 metadate 信息。具体包括：文件 owership 和 per-missions；文件包含哪些块；Block 保存在哪个 DataNode(由 DataNode 启动时上报)。

③NameNode 的 metadata 信息在启动后会加载到内存。

(4)管理文件系统的命名空间

NameNode 负责维护文件系统中文件(含目录)的命名空间、文件到文件块(Block)的映射以及文件块的位置信息三种类型的元数据。管理这些信息所涉及的两个文件分别是命名空间镜像文件 FsImage 和操作日志文件 EditLog。

对于命名空间或者文件到文件块的映射的任何修改操作，NameNode 都会将其写入 EditLog 文件。比如在 HDFS 中创建一个文件，NameNode 会向 EditLog 中插入一条记录。通过这种方式可以提高系统的可靠性，并凭借 EditLog 日志从错误中恢复而不必担心数据的一致性问题。

内存中有一个完整的 NameNode 命名空间和文件块的映射镜像。每次 HDFS 启动时，NameNode 都会从磁盘中读取 FsImage 和 EditLog，通过 EditLog 中的事务记录将新的元数据刷新到本地磁盘的 FsImage 中。因为事务已经被处理并已在 FsImage 中刷新，所以旧的 EditLog 会被删除。这样可以保证 NameNode 的数据始终是最新的。

尽管命名空间记录着每个文件中各个块所在的数据节点的位置信息，但是由于文件块存放的位置信息并不固定，而组成 HDFS 集群的 DataN-ode 加入、离开、宕机或重启等情况经常发生，因此 NameNode 并没有将文件块到 DataNode 的映射信息持久化到本地，而是在其初始化时才从 Nam-eNode 获得，并通过 DataNode 的心跳响应信息进行定期更新。

　　元数据节点负责管理整个集群的命名空间,并且为所有文件和目录维护了一个树状结构的元数据信息,而元数据信息被持久化到本地硬盘上分别对应了两种文件:文件系统镜像文件(FsImage)和编辑日志文件(EditsLog)。文件系统镜像文件存储所有关于命名空间的信息,编辑日志文件存储所有事务的记录。文件系统镜像文件和编辑日志文件是 HDFS 的核心数据结构,如果这些文件损坏了,整个 HDFS 实例都将失效,所以需要复制副本,以防止损坏或者丢失。一般会配置两个目录来存储这两个文件,分别是本地磁盘和网络文件系统(NFS),防止元数据节点所在节点磁盘损坏后数据丢失。元数据节点在磁盘上的存储结构如下所示。

```
current
rents_0000000000000000077-0000000000000000078
├── 0000000000000000077-0000000000000000078
...
├── 0000000000000000077-00000000000000000000000092
├── 0000000000000000077-00000000000000000000000092
├── 0000000000000000077-00000000000000000000000092
├── 0000000000000000077-0000000000000000000
├── 0000000000000000077-00000000
├── 000000000000000000000000000096. md5
├── 000000000000000000000000000096
├── 000000000000000000000000000096. md5
├── 0000000000
└── 00000000
```

　　其中,VERSION 是一个属性文件,可以通过如下命令查看它所保存的一些版本信息。

```
[trucy@node1 current] $ more VERSION
♯ WedNov 12 21:41:43 CST 2014
NameSpaceID=258694405
Clustered=trucyCluster
cTime=0
StorageType=NAME_NODE
BlockPoolID= BP - 1768070682 - 222. 18. 159. 122 - 1415706942809
    LayoutVersion= -57
```

各参数含义如下。

①NameSpaceID:文件系统唯一标识,是 HDFS 初次格式化的时候生

成的。

②ClusterID：集群 ID 号，在格式化文件系统之前可以在配置文件里面添加或者在格式化命令里添加。

③cTime：表示 FsImage 创建时间。

④StorageType：保存数据的类型，这里是元数据结构类型，还有一种是 DATA_NODE，表示数据结构类型。

⑤BlockPoolID：一个由 BlockPoolID 标识的 BlockPool 属于一个单一的命名空间，违反了这个规则将会发生错误，并且系统必须检测这个错误以及采取适当的措施。

⑥LayoutVersion：是一个负整数，保存了 HDFS 的持久化在硬盘上的数据结构的格式版本号。目前，HDFS 集群中 DataNode 与 NameNode 都是使用统一的 LayoutVersion，所以任何 LayoutVersion 的改变都会导致 DataNode 与 MetadataNode 的升级。

NameNode 本质上是一个 Jetty 服务器，提供有关命名空间的配置服务，它包含的元数据信息包括文件的所有者、文件权限、存储文件的块 ID 和这些块所在的 DataNode(DataNode 启动后会自动上报)。

当 NameNode 启动的时候，文件系统镜像文件会被加载到内存，然后对内存里的数据执行记录的操作，以确保内存所保留的数据处于最新的状态。所有对文件系统元数据的访问都是从内存中获取的，而不是文件系统镜像文件。文件系统镜像文件和编辑日志文件只是实现了元数据的持久存储功能，事实上所有基于内存的存储系统大概都是采用这种方式，这样做的好处是加快了元数据的读取和更新操作(直接在内存中进行)。

2. DataNode

Hadoop 集群包含大量 DataNode，DataNode 响应客户机的读写请求，还响应 NameNode 对文件块的创建、删除、移动、复制等命令。DataNode 把存储的文件块信息报告给 NameNode，而这种报文信息采用的心跳机制，每隔一定时间向 NameNode 报告块映射状态和元数据信息，如果报告在一定时间内没有送达 NameNode，NameNode 会认为该节点失联(Uncommunicate)，长时间没有得到心跳消息直接标识该节点死亡(Dead)，也就不会再继续监听这个节点，除非该节点恢复后手动联系 NameNode。DataNode 的文件结构如下：

```
-rw-rw-r-- 1 trucy trucy 5508400 Dec 5 14:30 blk_1073741825
-rw-rw-r-- 1 trucy trucy 43043 Dec 5 14:30 blk_1073741825_1001.meta
-rw-rw-r-- 1 trucy trucy 114 Dec 8 21:49 blk_1073741857
```

-rw-rw-r-- 1 trucy trucy 11 Dec 8 21:49 blk_1073741857_1033. meta

-rw-rw-r-- 1 trucy trucy 134217728 Dec 8 21:53 blk_1073741859

-rw-rw-r-- 1 trucy trucy 1048583 Dec 8 21:53 blk _ 1073741859
_1035. meta

-rw-rw-r-- 1 trucy trucy 134217728 Dec 5 15:23 blk_1073741860

-rw-rw-r--1 trucy trucy 1048583 Dec 5 15:23 blk _ 1073741860
_1036. meta

…

drwxrwxr-x 2 trucy trucy 4096 Dec 6 16:25 subdir0

drwxrwxr-x 2 trucy trucy 4096 Dec 6 16:25 subdir1

drwxrwxr-x 2 trucy trucy 4096 Dec 6 16:26 subdir10

drwxrwxr-x 2 trucy trucy 4096 Dec 6 16:26 subdir11

drwxrwxr-x 2 trucy trucy 4096 Dec 6 16:27 subdir12

drwxrwxr-x 2 trucy trucy 4096 Dec 6 16:49 subdir13

Blk_refix：HDFS 中的文件数据块,存储的是原始文件内容,最大占134217728B,即 128MB(本系统设置块大小为 128MB)。

Blk_refix. meta:块的元数据文件,包括版本和类型信息的头文件,与一系列块的区域校验和组成,最大占 1048583B,即 1MB。

Subdir:存储的数据还是前面的两种数据。

3. SecondaryNameNode

(1)工作原理

前面提到文件系统镜像文件会被加载到内存中,然后对内存里的数据执行记录的操作。编辑日志文件会随着事务操作的增加而增大,所以需要把编辑日志文件合并到文件系统镜像文件当中去,这个操作就由辅助元数据节点(SecondaryNameNode)完成。

辅助元数据节点不是真正意义上的元数据节点,尽管名字很像,但它的主要工作是周期性地把文件系统镜像文件与编辑日志文件合并,然后清空旧的编辑日志文件。由于这种合并操作需要大量 CPU 消耗和比较多的内存占用,所以往往把其配置在一台独立的节点上。如果没有辅助元数据节点周期性的合并过程,那么每次重启元数据节点会耗费很多时间做合并操作,这种周期性合并过程一方面减少重启时间,另一方面保证了 HDFS 系统的完整性。但是辅助元数据节点保存的状态要滞后于元数据节点,所以当元数据节点失效后,难免会丢失一部分最新操作数据。SecondaryName-Node 合并 EditsLog 文件的过程如图 2-3 所示。

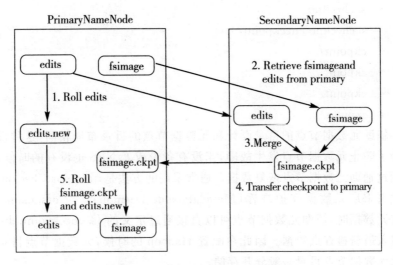

图 2-3　SecondaryNameNode 工作原理

SecondaryNameNode 合并 FsImage 和 EditsLog 文件的过程如下。

①辅助元数据节点发送请求,元数据节点停止把操作信息写进 edits 文件中,转而新建一个 edits. new 文件写入。

②通过 HTTP GE 从元数据节点获取旧的编辑日志文件和文件系统镜像文件。

③辅助元数据节点加载硬盘上的文件系统镜像文件和编辑日志文件,在内存中合并后成为新的文件系统镜像文件,然后写到磁盘上,这个过程叫作保存点(CheckPoint),合并生成的文件为 fsimage. ckpt。

④通过 HTTP POST 将 fsimage. ckpt 发送回元数据节点。

⑤元数据节点更新文件系统镜像文件,同时把 edits. new 改名为 edits,同时还更新 fstime 文件来记录保存点执行的时间。

SecondaryNameNode 会周期性地将 EditsLog 文件进行合并,合并的前提条件是:

①EditsLog 文件到达某一个阈值时会对其进行合并。

②每隔一段时间对其进行合并。

下面为辅助元数据节点的文件组织结构。

$ {fs. checkpoint. dir}/

├── s. checkpo

├── s. checkpoi

├── s. checkp

├── s. checkpoi

```
├── s. checkpo
└── s. checkpoicheckpoint/
├── ckpoint/
├── ckpoin
├── ckpoint/
└── ckpoint
```

辅助元数据节点的目录设计和元数据节点的目录布局相同,这种设计是为了防止元数据节点发生故障,当没有备份或者 NFS 也没有的时候,可以通过辅助元数据节点恢复数据。通常采用的方法是用 importCheckpoint 选项来重启元数据守护进程(MetadataNode Daemon)。当 dfs. name. dir 没有元数据时,辅助元数据节点可以直接通过定义的 fs. checkpoint. dir 目录载入最新检查点数据。因此在配置 Hadoop 的时候,元数据节点目录和辅助元数据节点目录一般分开存储。

(2)参数配置

将记录 HDFS 操作的 EditsLog 文件与其上一次合并后存在的 FsImage 文件合并到 FsImage. checkpoint,然后创建一个新的 EditsLog 文件,将 FsImage. checkpoint 复制到 NameNode 上。复制触发的条件是在 core-site. xml 里面有两个参数可配置。

```
<property>
    <name>fs. checkpoint. period</name>
    <value>3600</value>
    <description> The number of seconds between two periodic
        checkpoints.
    </description>
</property>
<property>
    <name>fs. checkpoint. size</name>
    <value>67108864</value>
    <description>The size of the current edit log(in bytes)that trig-
        gers a periodic checkpoint even if the fs. checkpoint. period
        hasn't expired.
    </description>
</property>
```

参数解释如下。

①fs. checkpoint. period:时间间隔,默认为 1h 合并一次。

②fs. checkpoint. size：文件大小默认为 64MB，当 EditsLog 文件大小超过 64MB，就会触发 EditsLog 与 FsImage 文件的合并。

如果 NameNode 损坏或丢失之后，导致无法启动 Hadoop，这时就要人工去干预恢复到 SecondaryNameNode 中所照快照的状态，意味着集群的数据会或多或少地丢失一些宕机时间，并且将 SecondaryNameNode 作为重要的 NameNode 来处理。这就要求，尽量避免将 SecondaryNameNode 和 NameNode 放在同一台机器上。

2.3　HDFS 存取机制

2.3.1　数据复制

HDFS 被设计成一个可以在大集群中、跨机器、可靠地存储海量数据的框架。它将每个文件存储成块（Block）序列，除了最后一个 Block，所有的 Block 都是同样的大小。文件的所有 Block 为了容错都会被冗余复制。每个文件的 Block 大小和复制（Replication）因子都是可配置的。Replication 因子在文件创建的时候会默认读取客户端的 HDFS 配置，然后创建，以后也可以改变。HDFS 中的文件只写入一次（Write-one），并且严格要求在任何时候只有一个写入者（Writer）。HDFS 的数据冗余复制示意如图 2-4 所示。

块复制(Block Replication)
NameNode(Filename,NumReplicas.block-ids,...)
/user/zkpk/data/part-0001,r:2,{1,3}
/user/zkpk/data/part-0002,r:3,{2,4,5}

DataNode

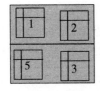 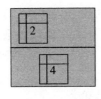 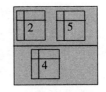

图 2-4　数据冗余复制示意

由图 2-4 可见，文件/user/zkpk/data/part-0001 的 Replication 因子值是 2，Block 的 ID 列表包括 1 和 3，可以看到块 1 和块 3 分别被冗余备份了两份数据块；文件/user/zkpk/data/ part-0002 的 Replication 因子值是 3，

Block 的 ID 列表包括 2、4、5，可以看到块 2、4、5 分别被冗余复制了三份。在 HDFS 中，文件所有块的复制会全权由名称节点（NameNode）进行管理，NameNode 周期性地从集群中的每个数据节点（DataNode）接收心跳包和一个 BlockReport。心跳包的接收表示该 DataNode 节点正常工作，而 BlockReport 包括了该 DataNode 上所有的 Block 组成的列表。

　　HDFS 在对一个文件进行存储时有两个重要的策略：一个是副本策略，一个是分块策略。副本策略保证了文件存储的高可靠性，分块策略保证数据并发读写的效率并且是 MapReduce 实现并行数据处理的基础，如图 2-5 所示。

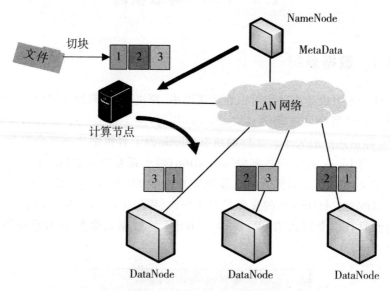

图 2-5　HDFS 的文件存储

　　HDFS 的分块策略：通常 HDFS 在存储一个文件时会将文件切为 64MB 大小的块进行存储，数据块会被分别存储在不同的 DataNode 节点上，这一过程其实就是一种数据任务的切分过程，在后面对数据进行 MapReduce 操作时十分重要，同时数据被分块存储后在数据读写时能实现对数据的并发读写，提高数据读写效率。HDFS 采用 64MB 这样较大的文件分块策略有以下三个优点：

　　①降低客户端与主服务器的交互代价。

　　②降低网络负载。

　　③减少主服务器中元数据的大小。

　　HDFS 的副本策略：HDFS 对数据块典型的副本策略为 3 个副本，第一个副本存放在本地节点，第二个副本存放在同一个机架的另一个节点，第三

个副本存放在不同机架上的另一个节点。这样的副本策略保证了在 HDFS
文件系统中存储的文件具有很高的可靠性。

　　一个文件写入 HDFS 的基本过程可以描述如下：写入操作首先由 Na-
meNode 为该文件创建一个新的记录，该记录为文件分配存储节点包括文
件的分块存储信息，在写入时系统会对文件进行分块，文件写入的客户端获
得存储位置的信息后直接与指定的 DataNode 进行数据通信，将文件块按
NameNode 分配的位置写入指定的 DataNode，数据块在写入时不再通过
NameNode，因此 NameNode 不会成为数据通信的瓶颈。

2.3.2　数据副本的存放策略

　　数据分块存储和副本的存放是 HDFS 保证可靠性和高性能的关键。
HDFS 将每个文件的数据进行分块存储，同时每一个数据块又保存有多个
副本，这些数据块副本分布在不同的机器节点上。

　　在多数情况下，HDFS 默认的副本系数是 3。为了数据的安全和高效，
Hadoop 默认对 3 个副本的存放策略，如图 2-6 所示。

　　（1）第一块

　　在本机器的 HDFS 目录下存储一个 Block。

　　（2）第二块

　　不同 Rack（机架）的某个 DataNode 上存储一个 Block。

　　（3）第三块

　　在该机器的同一个 Rack 下的某台机器上存储最后一个 Block。

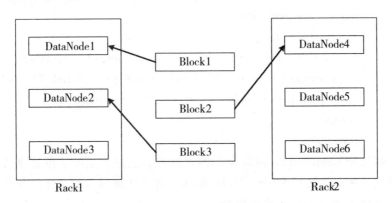

图 2-6　Block 备份规则

　　这种策略减少了机架间的数据传输，提高了写操作的效率，而且可以保
证对该 Block 所属文件的访问能够优先在本 Rack 下找到，如果整个 Rack

发生了异常,也可以在另外的 Rack 上找到该 Block 的副本。这样可以保障足够的高效,同时做到了数据的容错。

机架的错误远比节点的错误少,所以这个策略不会影响数据的可靠性和可用性。与此同时,因为数据块只放在 2 个(不是 3 个)不同的机架上,所以此策略减少了读取数据时需要的网络传输总带宽。

如果将 Block 备份设置成三份,那么这三份一样的块是怎么复制到 DataNode 上的呢? 下面了解一下 Block 块的备份机制,如图 2-7 所示。

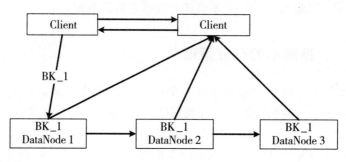

图 2-7 **Block 的备份机制**

假设第一个备份传到 DataNode1 上,那么第二个备份是从 DataNode1 上以流的形式传输到 DataNode2 上,同样,第三个备份是从 DataNode2 上以流的形式传输到 DataNode3 上。

关于如何设置集群 Block 的备份数,这里给出下面两种方法。

方法 1:修改配置文件 hdfs-site. xml 以下配置。

```
<property>
    <name>dfs. replication</name>
    <value>1</value>
    <description>Default block replication. The actual number of rep-
        lications can be specified when the file is created. The default
        is used if replication is not specified in create time.
    </description>
</property>
```

默认 dfs. replication 的值为 3,通过这种方法虽然更改了配置文件,但是参数只在文件被写入 dfs 时起作用,不会改变之前写入的文件的备份数。

方法 2:通过命令更改备份数。

```
bin/hadoop fs-setrep-R 1/
```

这样可以改变整个 HDFS 里面的备份数,不需要重启 HDFS 系统。而方法 1 需要重启 HDFS 系统才能生效。

图 2-8 描述了 HDFS 在读文件过程中,客户端、NameNode 和 DataNode 间是怎样交互的。

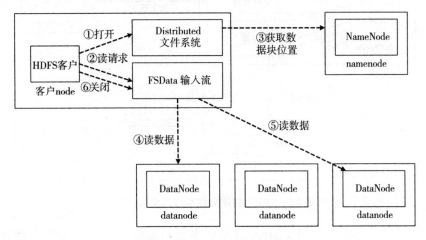

图 2-8　HDFS 读文件过程

整体流程总结如下:

①客户调用 get()方法得到 HDFS 文件系统的一个实例(具有 Distributed 文件系统类型),然后调用该实例的 Open()方法。

②Distributed 文件系统实例通过 RPC 远程调用 NameNode 决定文件数据块的位置信息。对于每一个数据块,NameNode 返回数据块所在的 DataNode(包括副本)的地址。Distributed 文件系统实例向客户返回 FSData 输入流类型的实例,用来读数据。FSData 输入流中封装了 DFSData 输入流类型,用于管理 NameNode 和 DataNode 的输入/输出操作。

③客户调用 FSData 输入流实例的 Read()方法。

④FSData 输入流实例保存了数据块所在的 DataNode 的地址信息。FSData 输入流实例连接第一个数据块的 DataNode,读取数据块的内容,并传回给客户。

⑤当第一个数据块读完,FSData 输入流实例关掉了这个 DataNode 的连接,然后开始读第二个数据块。

⑥当客户的读操作结束后,调用 FSData 输入流实例的 Close()方法。

在读的过程中,如果客户和一个 DataNode 通信时出错,它会连接副本所在的 DataNode。这种客户直接连接 DataNode 读取数据的设计方法使 HDFS 可以同时响应很多客户的并发操作。

图 2-9 描述了 HDFS 创建文件和写文件的过程,涉及 HDFS 创建文件、写文件及关闭文件等操作,整体流程总结为:

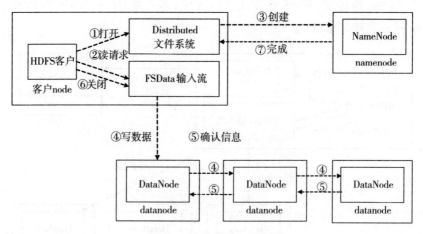

图 2-9　HDFS 创建文件和写文件的过程

①客户通过调用 Distributed 文件系统对象的 Create()方法来创建文件。

②Distributed 文件系统对象通过 RPC 调用 NameNode,在文件系统的命名空间中创建 FSData 输出流对象给客户。FSData 输出流对象封装了 FSData 输出流对象来处理与 DataNode 和 NameNode 间的通信。

③当客户写一个数据块内容时,FSData 输出流对象把数据分成很多包(Packet)。FSData 输出流对象询问 NameNode 挑选存储这个数据块及它的副本的 DataNode 列表。

④FSData 输出流对象把包写进管道的第一个 DataNode 中,然后管道将包转发给第二个 DataNode,这样一直转发到最后一个 DataNode。

⑤只有当管道中所有 DataNode 都返回写入成功,这个包才算写成功,发送应答给 FSData 输出流对象,开始下一个包的写操作。

⑥当客户完成所有对数据块内容的写操作后,调用 FSData 输出流对象的 Close()方法关闭文件。

⑦FSData 输出流对象通知 NameNode 写文件结束。

2.4　HDFS 常用命令

Shell 是系统的用户界面,提供了用户与内核进行交互操作的一种接口。它接收用户输入的命令并把它送入内核去执行。下面介绍 HDFS 操作分布式文件系统常用命令。

HDFS URI 格式:scheme://authority:path。其中,scheme 表示协议名,可以是 file 或 HDFS,前者是本地文件,后者是分布式文件;authority 表示集群所在的命名空间;path 表示文件或者目录的路径。

如 hdfs://localhost:9000/user/trucy/test.txt 表示在本机的 HDFS 系统上的 text 文本文件目录。假设已经在 core-site.xml 里配置了 fs.default.name=hdfs://localhost:9000,则仅使用/user/trucy/test.txt 即可。

HDFS 默认工作目录为/user/${USER},${USER}是当前的登录用户名。

注意:本章所用的 Hadoop 集群环境是独立的高可靠配置的 4 个节点集群,而不是在虚拟机环境下,所用的命名空间实际配置是:

<name>fs.defaultFS</name>

<value>hdfs://TLCluster</value>

如果是按照前面讲 Hadoop 的安装与配置章节所说的 fs.defaultFS 应该是 hdfs://node:9000,所以此处需要读者按照自己配置方案来解读。

2.4.1　文件处理命令

开启 Hadoop 的分布式文件系统,在终端输入 hadoop fs-help 就会出现以下常用命令。

usage:hadoop fs [generic options]

[-appendToFile<localsrc>…<dst>]

[-cat[-ignoreCrc]<src>…]

[-checksum<src>…]

[-chgrp[-R]GROUP PATH…]

[-chmod[-R]<MODE[,MODE]…| OCTALMODE>PATH…]

[-chown[-R][OWNER][:[GROUP]]PATH…]

[-copyFrmLocal[-f][-p]<localsrc>…<dst>]

[-copyToLocal[-p][-ignoreCrc][-crc]<src>…<localdst>]

[-count[-q]<path>…]

[-cp[-f][-p| -p[topax]]<src>…<dst>]

[-createSnapshot<snapshotDir>[<snapshotName>]]

[-deleteSnapshot<snapshotDir><snapshotName>]

[-df[-h][<path>…]]

[-du[-s][-h]<path>…]

[-expunge]

[-get[-p][-ignoreCrc][-crc]＜src＞…＜localdst＞]

[-getfacl[-R]＜path＞]

[-getfattr[-R]{-n name| -d}[-e en]＜path＞]

[-getmerge[-nl]＜src＞＜10caldst＞]

[-help[cmd…]]

[-ls[-d][-h][-R][＜path＞…]]

[-mkdir[-p]＜path＞…]

[-moveFromLocal＜localsrc＞…＜dst＞]

[moveToLocal＜src＞＜localdst＞]

[-mv＜src＞…＜dst＞]

[-put[-f][-p]＜localsrc＞…＜dst＞]

[-renameSnapshot＜snapshotDir＞＜oldName＞＜newName＞]

[-rm[-f][-r|-R][-skipTrash]＜src＞…]

[-rmdir[--ignore-fail-on-non-empty]＜dir＞…]

[-setfacl[-R][{-b|-k}{-m|-x＜acl_spec＞}＜path＞]|[--set＜acl_
    spec＞＜path＞]]

[-setfattr{-n name[-v value] |-x name}＜path＞]

[-setrep[-R][-w]＜rep＞＜path＞…]

[-stat[format]＜path＞…]

[-tail[-f]＜file＞]

[-test-[defsz]＜path＞]

[-text[-ignoreCrc]＜src＞…]

[-touchz＜path＞…]

[-usage[]cmd…]

上面很多命令和 Linux 命令相似,下面介绍一些常用命令。

(1)hdfs dfs-ls

列出指定目录文件和目录。

(2)hdfs dfs-mkdir

创建文件夹。

(3)hdfs dfs-cat/text

查看文件内容。

(4)hdfs dfs-touchz

新建文件。

(5)hdfs dfs-appendToFile＜src＞＜tar＞

将 src 的内容写入 tar 中。

（6）hdfs dfs-put＜src＞＜tar＞

将 src 的内容写入 tar 中。

（7）hdfs dfs-rm＜src＞

删除文件或目录。

（8）hdfs dfs-du＜path＞

显示占用磁盘空间大小。

HDFS 命令列出指定目录文件和目录。

1. hdfs dfs-ls：列出根目录文件和目录

使用方法：hdfs dfs -ls[-d][-h][-R]＜paths＞

其中：-d：返回 paths；-h：按照 KMG 数据大小单位显示文件大小，如果没有单位，默认为 B；-R：级联显示 paths 下文件，这里 paths 是个多级目录。

如果是文件，则按照如下格式返回文件信息：

文件名＜副本数＞文件大小修改日期修改时间权限用户 ID，组 ID

如果是目录，则返回它直接子文件的一个列表，就像在 UNIX 中一样。目录返回列表的信息如下：

目录名＜dir＞修改日期修改时间权限用户 ID，组 ID

HDFS 上的目录结构类似 Linux，根目录使用"/"表示。下面的命令将在/user/hadoop 目录下创建目录 input。

hadoop fs-mkdir/test/input

hadoop fs-ls/test/

运行结果如下：

Found1 items

drwxr-xr-x - zkpk supergroup   θ2016-10-12 15：30/test/input

示例：列出根目录下的文件或目录。

hdfs dfs -ls/

结果：

Found 8 items

```
drwxr-xr-x    -trucy supergroup    0 2016-12-18    19:22/data
drwxr-xr-x    -trucy supergroup    0 2016-12-08    17:30/dataguru
drwxr-xr-x    -trucy supergroup    0 2016-12-16    17:04/hbase
drwxr-xr-x    -trucy supergroup    0 2016-12-28    10:43/hive
drwxr-xr-x    -trucy supergroup    0 2016-12-05    16:41/kmedians
drwxrwxrwx-trucy supergroup    0 2017-01-08    16:29/tmp
drwxr-xr-x    -trucy supergroup    0 2016-12-21    23:10/user
```

```
drwxr-xr-x  -trucy supergroup  0 2016-12-24  16:12/wangyc
```
上述命令也可以这样写：

```
hdfs dfs -ls hdfs://TLCluster/
```
列出分布式目录/usr/＄{USER）下的文件或目录。

```
hdfs dfs-ls  /use/＄{USER)
```
结果：

```
Found 8 items
drwxr-xr-x  -trucy supergroup   0 2016-12-16 13:33/user/trucy/bayes
-rw-r--r--   2 trucy supergroup   1649 2017-01-05 15:52/user/trucy/passwd
-rw-r--r--   2 trucy supergroup   595079 2016-12-18 20:08/user/trucy/ratingdiff
drwxr-xr-x  - trucy supergroup   0 2016-12-18 20:13/user/trucy/ratingdiff
-rw-r--r--   2 trucy supergroup   1946023 2016-12-09 18:59/user/trucy/result1
drwxr-xr-x  - trucy supergroup   0 2016-12-16 13:20/user/trucy/test
drwxr-xr-x  - trucy supergroup   0 2016-12-16 13:40/user/trucy/test-output
drwxr-xr-x  -trucy supergroup   0 2016-12-16 13:21/user/trucy/train
```
当然也可以这样写：hdfs dfs -ls . ,或者直接省略"."，变为 hdfs dfs -ls。

结果：

```
Found 8 items
drwxr-xr-x  -trucy supergroup    0 2016-12-16 13:33 bayes
-rw-r--r--    2 trucy supergroup    1649 2017-01-05 15:52 passwd
-rw-r--r--    2 trucy supergroup    595079 2016-12-18 20:08 rating
drwxr-xr-x  - trucy supergroup    0 2016-12-18 20:13 ratingdiff
-rw-r--r--    2 trucy supergroup    1946023 2016-12-09 18:59 result1
drwxr-xr-x  - trucy supergroup    0 2016-12-16 13:20 test
drwxr-xr-x  - trucy supergroup    0 2016-12-16 13:40 test-output
drwxr-xr-x  -trucy supergroup    0 2016-12-16 13:21 train
```

2. Mkdir：创建文件夹

使用方法：hdfs dfs -mkdir[-p]<paths>

接受路径指定的 URI 作为参数，创建这些目录。其行为类似于 Linux 的 mkdir 用法，加-p 标签标识创建多级目录。

示例：在分布式主目录下（/user/＄{USER}）新建文件夹 dir。

```
hdfs dfs -mkdir dir
hdfs dfs -ls
```
结果：

drwxr-xr-x　　 - trucy supergroup　 0 2017-01-08 18:49 dir

在分布式主目录下(/user/＄{USER})新建文件夹 dir0/dir1/dir2/。

hdfs dfs -mkdir -p dir0/dir1/dir2

hdfs dfs -ls/user/＄{USER}/dir0/dir1

结果：

Found 1 items

drwxr-xr-x-trucy supergroup　0　2017-01-08　18:51/user/trucy/dir0/

dir1/dir2

3. touch:新建文件

使用方法:hdfs dfs -touchz<path>

当前时间下创建大小为 0 的空文件,若大小不为 0,返回错误信息。

示例:在/user/＄{USER}/dir 下新建文件 file。

hdfs dfs -touchz/user/＄{USER}/dir/file

hdfs dfs -ls/user/＄{USER}/dir/

结果：

Found 1 items

-rw-r-r-- 2 trucy supergroup　 0 2017-01-08 19:22/user/trucy/dir/file

4. cat、text、tail:查看文件内容

使用方法:hdfs dfs -cat/text[ignoreCrc]<src>

　　　　　　 hdfs dfs -tail[f]<file>

其中:-ignoreCrc 忽略循环检验失败的文件;-f 动态更新显示数据,如查看某个不断增长的日志文件。

3 个命令都是在命令行窗口查看指定文件内容。区别是 text 不仅可以查看文本文件,还可以查看压缩文件和 Avro 序列化的文件,其他两个不可以;tail 查看的是最后 1KB 的文件(Linux 上的 tail 默认查看最后 10 行记录)。

示例:在作者的分布式目录下/data/stocks/NYSE 下有文件 NYSE_daily_prices_Y. csv,用 3 种方法查看。

hdfs dfs -cat/data/stocks/NYSE/NYSE_dividends_Y. csv

hdfs dfs -text/data/stocks/NYSE/NYSE dividends_Y. csv

hdfs dfs -tail/data/stocks/NYSE/NYSE_dividends_Y. csv

结果：

　 ...

NYSE,YPF,2016-05-23,0.22
NYSE,YPF,2016-02-24,0.2
NYSE,YPF,2015-11-25,0.2
NYSE,YPF,2015-08-23,0.2
NYSE,YPF,2015-05-24,0.2
NYSE,YPF,2015-02-23,0.2

5. appendToFile：追写文件

使用方法：hdfs dfs -appendToFile＜localsrc＞…＜dst＞

把 localsrc 指向的本地文件内容写到目标文件 dsc 中，如果目标文件 dst 不存在，系统自动创建。如果 localsrc 是"-"，表示数据来自键盘中输入，按"Ctrl＋C"组合键结束输入。

示例：在/user/＄{USER}/dir/file 文件中写入文字"hello,HDFS!"

hdfs dfs -appendToFile -dir/file

hdfs dfs -text dir/file

结果：

hello,HDFS!

第二种方法，在本地文件系统新建文件 localfile 并写入文字。

［trucy@node1 ～］＄ echo ˵ hello,HDFS! ˝＞＞localfile

［trucy@node1 ～］＄ hdfs dfs -appendToFile localfile dir/file

［trucy@node1 ～］＄ hdfs dfs -text dir/file

Hello,HDFS!

Hello,HDFS!

6. put/get：上传/下载文件

使用方法：hdfs dfs -put ［-f］［-p］＜localsrc＞…＜dst＞
　　　　　　Get［-p］［-ignoreCrc］［-crc］＜src＞…＜localdst＞

put 把文件从当前文件系统上传到分布式文件系统中，dst 为保存的文件名，如果 dst 是目录，把文件放在该目录下，名字不变。

get 把文件从分布式文件系统上复制到本地，如果有多个文件要复制，那么 localdst(local destination)即为目录，否则 localdst 就是要保存在本地的文件名。

其中：-f 如果文件在分布式系统上已经存在，则覆盖存储，若不加则会报错；-p 保持原始文件的属性(组、拥有者、创建时间、权限等)；-ignoreCrc 同上。

上传文件 test. txt 到 input 下。

hadoop fs-put test. txt/test/input

hadoop fs-is/test/input/

运行结果如下：

Found1 items

-rw-r-r--　1 zkpk superqroup　　17 2016-10-12 15:35,test/input/test. txt

该命令调用 Hadoop 文件系统的 Shell 命令 fs,提供一系列的子命令。在这里,我们执行的是-put。本地文件 test. txt 被上传到运行在 localhost 上的 HDFS 实体中的/test/input/文件夹中。

还可以用-copyFromLocal 参数。

示例：把上例新建的文件 localfile 放到分布式文件系统主目录上,保存名为 hfile;把 hfile 下载到本地目录,名字不变。

[trucy@node1～]$ hdfs dfs -put localfile hfile

[trucy@node1 ～]$ hdfs dfs -ls

Found 11 items

…

drwxr-xr-x　- trucy supergroup　　0 2015-01-08 19:22 dir

drwxr-xr-x　- trucy supergroup　　0 2015-01-08 18:51 dir0

…

-rw-r--r--　2 trucy supergroup　　14 2015-01-08 21:30 hfile

…

[trucy@node1 ～]$ hdfs dfs -get hfile

[trucy@node1 ～]$ ls -l

total 108

…

-rw-r-r--　1 trucy trucy　14 Jan　8 21:32 hfile

-rw-rw-r-- 1 trucy trucy　14 Jan　8 20:40 localfile

…

除了 get 方法还可以用 copyToLocal,用法一致。

7. Rm：删除文件或目录

使用方法：hdfs dfs -rm[-f][-r]-R][-skipTrash]<src>…

删除指定文件与 Linux 上的 rm 命令一致。此外和 Linux 系统的垃圾回收站一样,HDFS 会为每个用户创建一个回收站:/usr/ $ {USER}/. Trash/,通过 Shell 删除的文件都会在这个目录下存储一个周期,这个周期可以通过配置文件指定。当配置好垃圾回收机制后,元数据节点会开启一个后台线程 Emptier,这个线程专门管理和监控系统回收站下面的所有文件/目录,对于已经超过生命周期的文件/目录,这个线程就会自动地删除它们。当然用户想恢复删除文件,可以直接操作垃圾回收站目录下的 Current 目录恢复。

配置垃圾回收需要修改的配置文件:core-site. xml。

```
<property>
    <name>fs. trash. interval</name>
    <value>1440</value>
</property>
```

-f 如果要删除的文件不存在,不显示提示和错误信息。

-r/R 级联删除目录下的所有文件和子目录文件。

-skipTrash 直接删除,不进入垃圾回收站。

示例:在分布式主目录下(/user/ $ {USER})删除 dir 目录以及 dir0目录。

```
[trucy@node1 ~]$ hdfs dfs -rm -r dir dir0
15/01 /09 13:43:29 INFO fs. TrashPolicyDefault:Namenode trash
    configuration:Deletion interval=0 minutes,Emptier interval=
    0 minutes.
Deleted dir
15/01/09 13:43:29 INFO fs. TrashPolicyDefault:Namenode trash
configuration:Deletion interval=0 minutes,Emptier interval=0 mi-
nutes.
Deleted dir0
```

由于没有配置 fs. trash. interval,默认为 0,即直接删除。

8. du:显示占用磁盘空间大小

使用方法:-du[-s][-h]<path>…

默认按字节显示指定目录所占空间大小。其中:-s 显示指定目录下文件总大小;-h 按照 KMG 数据大小单位显示文件大小,如果没有单位,默认为 B。

示例:在分布式主目录下(/user/ $ {USER})新建文件夹 dir。

```
[trucy@node1 ~]$ hdfs dfs -du
1984582      bayes
14           hfile
```

```
1649          passwd
595079        rating
14673294      ratingdiff
1946023       result1
367265        test
231           test-output
1404022       train
[trucy@node1 ~]$ hdfs dfs -du -s
20.0 M
[trucy@node1 ~]$ hdfs dfs -du -h
1.9 M         bayes
14            hfile
1.6 K         passwd
581.1 K       rating
14.0 M        ratingdiff
1.9 M         result1
358.7 K       test
231           test-output
1.3 M         train
```

2.4.2　dfsadmin 命令

　　dfsadmin 是一个多任务客户端工具,用来显示 HDFS 运行状态和管理-HDFS,表 2-1 所示为常用的 dfsadmin 命令。

表 2-1　dfsadmin 命令说明

命令选项	功能描述
-report	显示文件系统的基本信息和统计信息,与 HDFS 的 Web 界面一致
-safeadmin enter | leave |get | wait	安全模式命令。用法和功能前面已讲过
-saveNameSpace	可以强制创建检查点,仅仅在安全模式下面运行
-refreshNodes	重新读取允许主机和排除主机文件,以便更新的数据允许连接到元数据节点和那些应该退役或派出的节点集

命令选项	功能描述
-finalizeUpgrade	完成 HDFS 的升级。数据节点删除其以前的版本工作目录，紧接着 NameNode 做同样的事。这就完成升级过程
-upgradeProgress status |details|force	请求当前分布式升级状态，详细状态或强制升级继续
-metasave filename	将元数据节点的主要数据结构保存到由 hadoop. log. dir 属性指定的目录中的文件名。如果它存在，则将覆盖文件名。<fielname>中将包含下列各项对应的内容： (1)数据节点发送给元数据节点的心跳检测信号 (2)等待被复制的块 (3)正在被复制的块 (4)等待删除的块
-setQuota<quota><dirname>…<dirname>	设置每个目录<dirname>的配额<quota>。目录配额是长整型数，强制去限制目录树下的名字个数。以下情况会报错： (1)N 不是个正整数 (2)用户不是管理员 (3)这个目录不存在或者是一个文件 (4)目录超出新设定的配额
-clrQuota<dimame>…<dirname>	清除每个目录 dirname 的配额。以下情况会报错： (1)这个目录不存在或者是一个文件 (2)用户不是管理员
-restoreFailedStorage true|false|check	此选项将关闭自动尝试恢复故障的存储副本。如果故障的存储可用，再次尝试还原检查点期间的日志编辑文件或文件系统镜像文件。"check"选项将返回当前设置
-setBalancerBandwidth<bandwidth>	在 HDFS 执行均衡期间改变数据节点网络带宽。bandwidth 是数据节点每秒传输的最大字节数，设置的值将会覆盖配置文件参数 dfs. balance. bandwidthPerSec
-fetchImage < local directory>	把最新的文件系统镜像文件从元数据节点上下载到本地指定目录
-help[cmd]	为给定的命令显示的帮助，如果没有则显示所有

2.4.3 namenode 命令

运行 namenode 进行格式化、升级回滚等操作，表 2-2 所示为常用的 namenode 命令。

表 2-2　namenode 命令说明

命令选项	功能描述
-format	格式化元数据节点。先启动元数据节点,然后格式化,最后关闭
-upgrade	元数据节点版本更新后,应该以 upgrade 方式启动
-rollback	回滚到前一个版本。必须先停止集群,并且分发旧版本才可用
-importCheckpoint	从检查点目录加载镜像,目录由 fs. checkpoint. dir 指定
-finalize	持久化最近的升级,并把前一系统状态删除,这个时候再使用 rollback 是不成功的

2.4.4　fsck 命令

fsck 命令运行 HDFS 文件系统检查实用程序,用于和 MapReduce 作业交互。下面为其命令列表。

Usage:DFSck＜path＞[-list-corruptfileblocks|[-move|-delete |-openfor-write][-files[-blocks[-locations|-racks]]]]

表 2-3 所示为常用的 fsck 命令。

表 2-3　fsck 命令说明

命令选项	功能描述
-path	检查这个目录中的文件是否完整
-move	移动找到的已损坏的文件到/lost＋found
-rollback	回滚到前一个版本。必须先停止集群,并且分发旧版本才可用
-delete	删除已损坏的文件
-openforwrite	打印正在打开写操作的文件
-files	打印正在检查的文件名
-blocks	打印 block 报告(需要和-files 参数一起使用)
-locations	打印每个 block 的位置信息(需要和-files 参数一起使用)
-racks	打印位置信息的网络拓扑图(需要和-files 参数一起使用)

2.4.5　pipes 命令

pipes 命令运行管道作业,表 2-4 所示为常用的 pipes 命令。

表 2-4　pipes 命令说明

命令选项	功能描述
-conf＜path＞	配置作业
-jobconf＜key＝value＞,＜key＝value＞,…	添加覆盖配置项
-input＜path＞	输入目录
-output＜path＞	输出目录
-jar jar＜file＞	Jar 文件名
--inputformat＜class＞	InputFormat 类
--map＜class＞	Java Map 类
-partitioner＜class＞	Java 的分区程序
-reduce＜class＞	Java Reduce 类
-writer＜class＞	Java RecordWriter
-program＜executable＞	可执行文件的 URI
-reduces＜num＞	分配 Reduce 任务的数量

2.4.6　job 命令

该命令与 Map Reduce 作业进行交互和命令,表 2-5 所示为常用的 job 命令。

表 2-5　job 命令说明

命令选项	功能描述
-submit＜job-file＞	提交作业
-status＜job-id＞	打印 Map 和 Reduce 完成百分比和作业的所有计数器
-counter＜job-id＞＜group-name＞＜counter-name＞	打印计数器的值
-kill＜job-id＞	杀死指定 ID 的作业进程
-events＜job-id＞＜from-event-#＞＜#-of-events＞	打印 job-id 给定范围的接收事件细节
-history[all]＜jobOutput-Dir＞	打印作业细节,失败和被杀的原因和细节提示。通过指定[all]选项,可以查看关于成功的任务和未完成的任务等工作的更多细节
-list[all]	显示仍未完成的作业
-kill-task＜task-id＞	杀死任务。被杀死的任务不计失败的次数
-fail-task＜task-id＞	使任务失败。被失败的任务不计失败的次数
-set-pnonty＜job-id＞＜prioricy＞	更改作业的优先级。允许的优先级值是 VERY_HIGH、HIGH、NORMAL、LOW 和 VERY_LOW

2.5　HDFS 存储海量数据

随着高新科技的飞速发展,高清视频得到了广泛应用,这也使得对高清视频的监控项目逐步加强,由此产生的高清视频存储问题越来越显著。如今,这些不断涌现的海量视频数据,对存储容量、读写性能、可靠性等有了更高的要求。

1. 模拟视频流

在没有摄像头的条件下,可以应用 VLC 播放器对 H264 的实时频流进行模拟。

(1)构建组播服务器

①打开 VLC 程序后,单击“媒体-串流”。

②单击“添加”按钮,选出所需的播放文件类型,如 wmv,接着单击“串流”选项。

③关于流输出,有必要从三个方面对其进行设置,分别是来源、目标和选项。其中,来源已经在上一步中指出,只需单击“下一个”。

④将“在本地显示”的选项进行勾选,接着选出输出类别“RTP/MPEG Transport Stream”,再单击“添加”。

⑤若需要建立 IPv6 组播服务器,应在地址栏输入组播地址 ff15::1,同时将端口指定在“5005”,单击“下一个”。若需要建立 IPv4 组播服务器,则输入的地址为“239.1.1.1”(239.0.0.0/8 为本地管理组播地址)。

⑥将 TTL 设置为 0,单击“串流”即可发送组播视频,同时在本地播放(视频打开时间较慢,需要等待半分钟左右)。

⑦使用 WireShark 抓包查看。

(2)构建组播客户端

①打开程序后,单击“媒体-打开网络串流”。

②输入 URL(rtp://@[ff15::1]:5005),单击“播放”即可观看组播视频,如果为 IPv4 组播环境,可输入 rtp://239.1.1.1:5005。

注意:测试前请关闭 PC 防火墙,以免影响组播报文的发送和接收。

2. 存储海量视频数据

对海量视频数据进行存储的主要步骤为:借助 Hadoop 中的 API 接口,可以把本地接收到的视频流文件传输到 HDFS 中。上传的视频流文件由用户规定的本机文件夹储存起来,随着视频流文件的不断上传,此文件夹中的文件不断增多,我们常常将此种存储文件呈现动态变化的文件夹称为"缓冲区",之后,通过"流"的方式将"缓冲区"的文件与 HDFS 实现对接,接着,经调用 FS Data Output Stream. write(buffer,0,bytesRead)实现以流的方式将本地文件上传到 HDFS 中。

当本地文件上传成功后,再调用 File. delete()批量删除"缓冲区"中已上传文件。此过程将一直延续,直到所有文件都上传到 HDFS 且清空本地文件夹后才结束。

小　　结

分布式文件系统 HDFS 是一个设计运行在普通硬件设备上的分布式文件系统,具有高容错性,提供高吞吐量,适合于具有大数据集的应用场合。

本章对分布式文件系统 HDFS 做了比较详细的介绍,主要包括以下几点。

①HDFS 和传统的分布式文件系统相比较,有其特性。同时,HDFS 作为 Hadoop 的分布式文件存储系统和传统的分布式文件系统有很多相同的设计目标,但是也有明显的不同之处。

②从组织结构上来讲,HDFS 最重要的两个组件为:作为 Master 的 NameNode 和作为 Slave 的 DataNode。掌握 HDFS 架构是怎样设计的。

③详细讲述了 HDFS 中 NameNode、DataNode 以及 SecondaryName-Node 的概念和功能,掌握 SecondaryNameNode 的工作原理。

④HDFS 处理文件的命令和 Linux 上的命令基本是相同的,在掌握 HDFS 命令的基础上可以更好地了解 Linux 命令。

第 3 章　NoSQL 数据库技术

从发展的历史看,数据处理主要是通过数据库技术来实现的。大多数数据都有定义良好的结构,数据集不大,可以通过关系数据库存储和查询。然而,在大数据的世界里,基于表的传统的关系型数据库(RDBMS,比如 MySQL、Oracle、DB2 UDB、SQL Server 等)并不适合,这是因为单个表在数据量变得巨大时就显得力不从心,而且 RDBMS 在横向扩展上非常弱。而 NoSQL 是一类并不严格遵循经典关系数据库原理的非关系型的数据库系统,可以简单地把它理解成 Not Only SQL 的意思。与传统关系型数据库相比,NoSQL 使用的查询语言并非是 SQL 语言,查询表无固定结构,不仅能够对大型数据提供随机、实时的读写访问,并能很好地存储并处理海量数据的数据库。

本章首先解释一下什么是 NoSQL,然后重点介绍 NoSQL 数据库的分类。

3.1　NoSQL 及其与关系型数据库的比较

3.1.1　NoSQL(非关系型)数据库

1. NoSQL 数据库的简介

作为支撑大数据的基础技术,能和 Hadoop 一样受到越来越多关注的就是 NoSOL 数据库了。

传统的关系型数据库管理系统(RDBMS)是通过 SQL 这种标准语言来对数据库进行操作的。但是,大多数 NoSQL 数据库并非使用 SQL 语言进行操作。因此,有时候人们会将其误认为是对使用 SQL 的现有 RDBMS 的否定,并将要取代 RDBMS,而实际上却并非如此。NoSQL 数据库是对 RDBMS 所不擅长的部分进行的补充,不仅可以是关系型数据库,也可以是非关系型数据库,它可以根据需要选择使用的数据存储类型,因此应该理解为 Not Only SQL 的意思。

2. 体系结构

尽管目前流行的 NoSQL 数据存储系统的设计与实现方式各有不同，但是总结起来，NoSQL 数据库系统都具有如图 3-1 所示的四层结构。

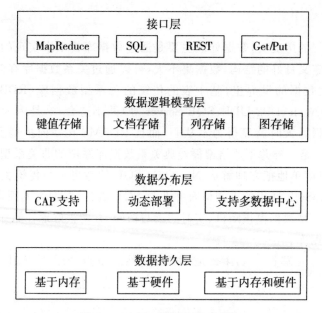

图 3-1　NoSQL 数据库体系结构

（1）接口层（Interfaces）

接口层，顾名思义，是为应用提供接口的结构。与传统关系型数据库相比，NoSQL 数据库所能提供的接口包括 REST 协议、RPC 协议 Thrift、MapReduce、采用 Get/Put 的产品接口、API、SQL 子集等，远远超出 RDBMS 所能提供的接口数量。

（2）数据逻辑模型层（Logical Data Model）

数据模型指的是数据在数据库中的组织形式，NoSQL 数据库能够支持模式不固定的结构化和半结构化数据，因而在数据组织形式方面比传统关系型数据库要灵活得多，拥有键值存储、文档存储、列存储、图存储 4 种组织形式。

（3）数据分布层（Data Distribution Model）

数据分布层定义了数据的分布机制。NoSQL 数据库的分布机制要比关系型数据库的多，主要的分布机制如图 3-2 所示。

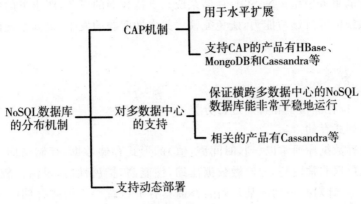

图 3-2　NoSQL 数据库的分布机制

(4)数据持久层(Data Persistence)

数据持久层的作用是定义数据的存储方式,NoSQL 的数据存储方式有三种,即:

①基于内存。数据基于内存存储的操作速度非常快,同时也要看到在一些糟糕状况下,数据可能会丢失。目前采用内存形式的产品有 Redis 等。

②基于硬件。这里的硬件主要指的硬盘。数据基于硬盘存储可以保存非常久的时间,但是处理速度比起基于内存存储方式而言稍逊一等。

③基于内存和硬盘的形式。基于内存和硬盘的混合方式克服了前两种方式的缺点,不仅具有较快的速度,数据丢失的可能性变得微弱,因此被认为是最合适的数据存储方式。采用这种形式的产品有 Cassandra 和 MongoDB 等。

3. 优点

NoSQL 数据库目前在 Web 网站和项目上应用较为广泛,因为它克服了关系数据库无法存储非结构化和结构化数据的缺点,具备以下优势:

①易扩展。NoSQL 数据库对存储的数据没有严格的定义,数据之间毫无关系,数据扩展起来非常容易,对性能造成的影响也降至最低。

②支撑海量数据。NoSQL 数据库能够对大规模乃至超大规模的数据进行处理,非常容易支撑 TB 乃至 PB 的数据量,而且性能更高。

③接口定义简单。NoSQL 数据库直接定义了数据接口层,为应用提供接口,无须像 SQL 一样必须绑定之后才可操作。

④灵活的数据模型。NoSQL 数据库在需求发生变化时可以为数据记录动态添加属性。而在关系数据库里,增删字段是一件非常麻烦的事情。

⑤弱事务模型。NoSQL 存储系统只支持较弱的事务,弱事务的使用能提高系统的并发读写能力,避免死锁等并发性问题的发生,提高系统的并发性能。

4. 分类

(1)按存储模型和特点进行分类

1)列式存储

这种数据库通常以(列,时间戳,值)的形式存储数据,存储结构化和半结构化数据非常便利,方便做数据压缩,性能高,扩展性高,灵活性较高,复杂性低,对针对某一列或某几列的查询具有 I/O 优势。列式存储的接口一般为 Thrift,REST。其中的代表有 Cassandra、Hbase(Apache)和 Hypertable 等。

2)值键对存储

这种数据库通常以(键,值)的形式存储数据,可以通过 key 快速查询相应 value,不必考虑 value 的存储格式。键值类型的 NoSQL 系统提供一个类似于 MapReduce 的 Key-Value 存储。和其他类型的数据库相比,它的数据模型十分简洁,从而可以提供极佳的性能,扩展性高、灵活性高,复杂性低。值键存储的接口一般为 GET/PUT、REST。其中的代表有 Redis、Riak、MemcacheDB、Scalaris、Tokyo Tyrant、Voldemort、Tokyo Cabinet 等。

3)文档型存储

这种数据库通常以半结构化的形式(JSON,XML)进行数据存储。存储的内容是文档型的,便于对某些字段建立索引,实现关系数据库的部分功能,性能、扩展性高、灵活性高,复杂性低。文档存储的接口一般为游标、Map/Reduce 视图。文档数据库允许建立不同类型的非结构化或者任意格式的字段,并且不提供完整性支持。其中的代表有 MongoDB、CouchDB,其中 MongoDB 是这类数据库中最流行的一个例子。

4)图存储

这类数据库擅长存储图,图形关系的最佳选择。可以在其中存储图中的结点和边,还可以设置边或点的权重。如果使用关系型数据库存储的话,性能低,而且设计复杂。图存数据库主要适用于关系较强的数据,但适用范围较小。例如,FlockDB、Neo4j、AllegroGraph。

如图 3-3 所示为按存储模型和特点进行分类的 NoSQL 数据库。

(2)根据数据持久化的方式分类

根据数据持久化的方式分类,分类情况如表 3-1 所示。

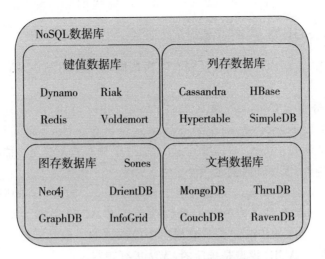

图 3-3　NoSQL 数据库分类示意图

表 3-1　根据数据持久化的方式分类

数据库	持久化设计
CouchDB	Append only B-Tree
Cassandra	Memtable/SSTlable
HBase	Memtable/SSTable on HDFS
MongoDB	B-Tree
Riak	可插拔
Neo4j	存在磁盘上的链表
Redis	内存数据,后台保存快照
Scalaris	内存
Tokyo Cabinet	Hash 或 B-Tree
Voldemort	可插拔(主要是 BerkeleyDB 或 MySQL)

　　对于不同的 NoSQL 数据库来说,压缩率、缓冲池、超时的大小和缓存等配置是不同的,同时对数据库性能的影响也是不一样的,因此,选择数据库时需要依据具体需求进行选择。而且并非所有的 NoSQL 数据库都内置了支持连接、排序、汇总、过滤器、索引等特性。如果有需要,还是建议使用具有这些内置功能的数据库。NoSQL 数据库内置了压缩、编解码器和数据移植工具。

5. NoSQL 数据库的基础

NoSQL 数据库存在并且发展有三大基础,分别为 CAP、BASE 和最终一致性。

CAP 分别指 Consistency 一致性、Availability 可用性(指的是快速获取数据)和 Tolerance of network Partition 分区容忍性(分布式)。这个理论已经被证明其正确性,且需要注意的是,一个分布式系统至多能满足三者中的两个特性,无法同时满足三个。

ACID 分别指 Atomicity 原子性、Consistency 一致性、Isolation 隔离性和 Durability 持久性。传统的关系数据库是以 ACID 模型为基本出发点的,ACID 可以保证传统的关系数据库中的数据的一致性。但是大规模的分布式系统对 ACID 模型是排斥的,无法进行兼容。

由于 CAP 理论的存在,为了提高云计算环境下的大型分布式系统的性能,可以采取 BASE 模型。BASE 模型牺牲高一致性,获得可用性或可靠性。BASE 包括 Basically Available(基本可用)、Soft State(软状态/柔性事务)、Eventually Consistent(最终一致)三个方面的属性。BASE 模型的三种特性不要求数据的状态与时间一定要时时同步一致,只要最终数据是一致的就可以。

3.1.2　NoSQL 与 RDBMS 的比较

如今很多大数据都是非结构化或半结构化的,这就是 NoSQL 存在的依据。例如,大部分网页数据都不能很好地结构化(网页的结构各不相同),传统的关系型数据库并不能适应这种非结构化的数据。

总的来讲,NoSQL 数据库侧重对数据的存储和高效读写;关系型数据库具有高稳定型、操作简单、功能强大、性能良好的特点,同时可以进行各种多表之间的联合查询,而且数据版本单一。但是,关系型数据库的设计未曾考虑过需要处理日益增长且格式多变的数据,也缺乏对海量数据高效率的存储和访问。

在数据规模日益增长的今天,NoSQL 技术能够很好地解决大数据存储问题,并在很大程度上解决了传统关系型数据库面临的诸多挑战,支持各种数据类型,提供超大规模的数据存储能力,因此受到了广大数据库工作者的密切关注。

与关系型数据库相比,NoSQL 存储系统也存在着一些问题,比如 NoSQL 存储系统很难实现数据的完整性,也没有权威的数据厂商提供完整的服务。且 NoSQL 数据库目前尚未成熟,许多关键性的功能尚未实现,在实际应用中较少。故到目前为止,NoSQL 数据库技术与关系数据库依然并存,且更多的是将二者结合使用,各取所长。

NoSQL 数据库和传统上使用的 RDBMS 之间的主要区别如表 3-2 所示。

表 3-2　NoSQL 数据库和 RDBMS 之间的主要区别

	RDBMS	NoSQL
数据类型	结构化数据	半结构化、非结构化数据
数据库结构	需要事先定义,是固定的	不需要事先定义,并可以灵活改变
可伸缩性	差	高度可伸缩
灵活性	灵活性差,反映较严格的数据	灵活性好,支持各种数据
数据一致性	通过 ACIO 特性保持严密的一致性	存在临时的不保持严密一致性的状态(结果匹配性)
事务支持性	支持事务,适用于事务处理	不支持事务,适用于分析及只读查询
扩展性	扩展性差,只能向上扩展,性能下降明显	通过横向扩展可以在不降低性能的前提下应对大量访问,实现线性扩展
存储类型	只存储真正关键的数据	存储所有类型的数据
服务器	以在一台服务器上工作为前提	以分布、协作式工作为前提
故障容忍性	为了提高故障容忍性需要很高的成本	有很多无单一故障点的解决方案,成本低
查询语言	SQL	支持多种非 SQL 语言
数据量	(和 NoSQL 相比)较小规模数据	(和 RDSMS 相比)较大规模数据

3.2　列式存储和文档存储

列式存储和文档存储都是 NoSQL 数据库中存储数据的方式,二者皆具有高扩展性,即使增加数据也不会对处理速度产生影响。

3.2.1　列式存储的 HBase

1. HBase 的概述

HBase 是 Hadoop Database 的简写,是一个构建在 Apache Hadoop 上

的列数据库。HBase 有很好的可扩展性，是 BigTable 的一个克隆产品，可以存储数以亿计的行数据，具有高性能、高可靠、列存储和可伸缩的特点。利用 HBase 技术可以在廉价的 PC 服务器上搭建起大规模结构化存储集群。此外，HBase 提供了简单有效的数据库读/写操作，解决了用户对数据的实时访问需求。因此 HBase 能有效应对超大规模数据的存储需求和访问请求，具有重要价值。[①]

HBase 在 Hadoop Ecosystem 中的位置如图 3-4 所示。HBase 的定位在 HDFS（分布式文件系统）之上，MapReduce 之下。它利用 Hadoop MapReduce 来处理 HBase 中的海量数据，利用 Zookeeper 作为协同服务，采用的文件存储系统为 HDFS。这种存储数据库系统可靠性高，性能非常优越，数据存储具有伸缩性，不仅采用列存储的方式，还具备实时读写的特性，故应用非常广。

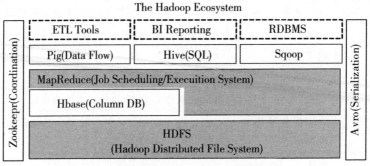

图 3-4　HBase 在 Hadoop Ecosystem 中的位置

2. HBase 中数据表的物理存储方式

HBase 作为一个简单而又典型的列存储数据库，其列存模型和其他列存 NoSQL 是很相似的。图 3-5 所示是关系模型到 HBase 数据模型的映射关系。

HBase 采用的是基于列式存储的数据模型，以类似于表的形式存储数据，如图 3-6 所示。[②] 表中包含了行键、列簇、时间戳，具备了大表，列簇单独存储、控制、检索等特点。

从逻辑上看，表中的列可以分为任意列，但在物理存储中，表是按照列簇存储的。HBase 在数据存储时采用的是动态分区的模式，根据 RowKey，HBase 可以划分为多个 Region，如图 3-7 所示。

① 雷万云等. 云计算：技术、平台及应用案例［M］. 北京：清华大学出版社，2011.
② 杨正洪. 大数据技术入门［M］. 北京：清华大学出版社，2016.

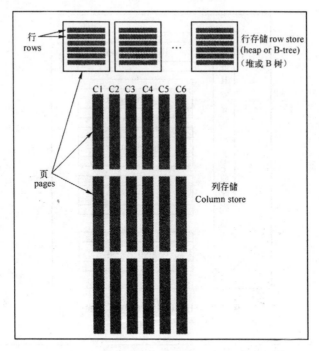

图 3-5　关系模型到 HBase 列存储数据模型的映射关系

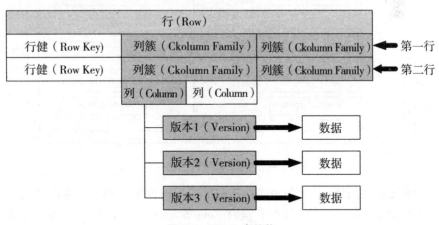

图 3-6　HBase 表结构

　　假设初始状态下，HBase 表中一开始只有一个 Region 的数据，随着数据的不断增加，Region 的数量也在不断增加，当超过某个阈值时，就会被切分成两个、多个 Region，如图 3-8 所示。这与 Bigtable 被划分为多个 Tablet 子表，并物理存储在多个 Tablet 服务器上的原理是相同的，只是 HBase 中用于具体存储数据的服务器节点被称为 Region 服务器。

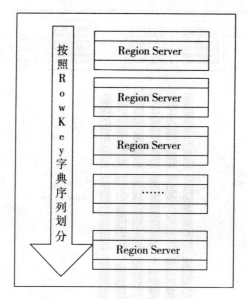

图 3-7　HBase 数据表存储方式

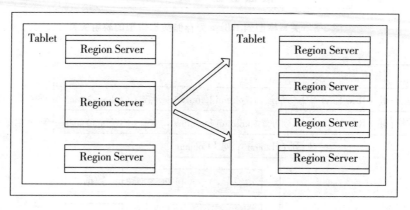

图 3-8　Region 的增加

Region 是 HBase 中分布式存储和负载均衡的最小单元。最小单元表示不同的 Region 可以分布在不同的 Region Server 上。但一个 Region 是不会拆分到多个 Server 上的，如图 3-9 所示。

MenStore 中存储的数据都是有序的，其本身是一个内存缓冲区，是被写入的数据最初的存放地。随着用户写入数据的增多，MenStore 也一直增大，当其增大到某一设定值之后，多余的数据就会被输入到另外的结构——StoreFile 中去。StoreFile 的数据和文件也会随着数据的增加而不断增长。当增长的数据文件也达到某一设定值时，就会触发自身的合并操作,将数个 StoreFile 合并成一个 StoreFile,称为精简(Compact)操作。
在进行精简操作的过程中,会将不同版本的数据进行合并,也会将重复的
数据予以删除。

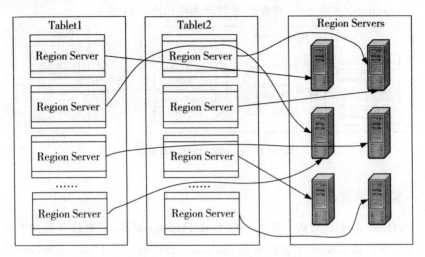

图 3-9　Region 和 Server 分布示意图

从逻辑上看,Region 是最小的存储单元,但在实际的物理存储系统中,
最小的存储单元是 Store,如图 3-10 所示。Store 又可以分为两个结构部
分:MenStore 和 StoreFile。

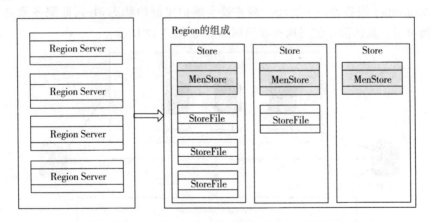

图 3-10　Region 由一个或者多个 Store 组成

由以上流程分析可以得出一个结论:HBase 本身只增加数据,数据的
更新操作是由精简操作完成的。

精简操作完成后,StoreFile 也会随着数据的输入而逐渐增大,当超过
一定限度的时候,就需要采取另外一种措施——Region 的分割(Split)操

作。分割操作就是将 StoreFile 分割成两个 StoreFile 文件，HMaster 会重新分配 Region Server 给这两个新的文件，保证了数据系统的负载平衡和数据的分布存储。

Compaction 和 Split 操作的过程示意图如图 3-11 所示。

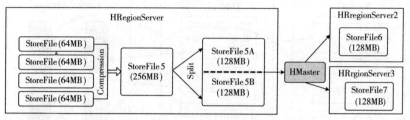

图 3-11　StoreFile 的精简与拆分

3. 系统架构

HBase 的系统架构主要由 HDFS 和 Hadoop 组成，主要包含面向客户程序的客户端 Client、主管理节点 HMaster、存储数据的 HRegionServer 节点以及 Zookeeper 服务器。HBase 的每一行都有一个单独的键值，行按照键值进行区分。同一范围内的行可组成一个区 Region，由区服务器 Region Server 进行管理，区服务器由主节点（主服务器）HMaster 进行监视控制。用户进行工作时，HBase 的客户端 Client 采用 RPC 机制工作，并连接到 Zookeeper 服务器，Zookeeper 服务器会维护集群的状态，并判断服务器是否可用。具体的系统架构可参照图 3-12 和图 3-13 所示。

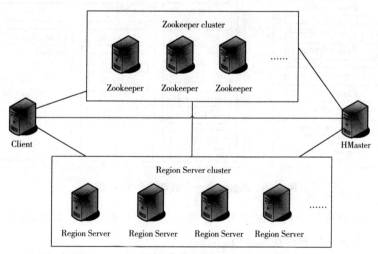

图 3-12　HBase 系统架构（一）

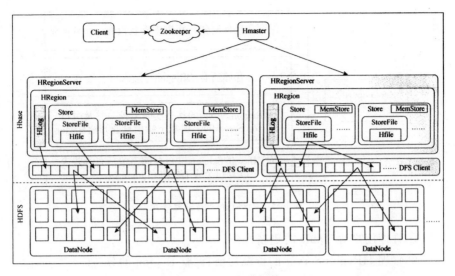

图 3-13 HBase 系统架构(二)

(1)Client

HBase Client 使用 HBase 的 RPC 机制与 HMaster 和 HRegionServer 进行通信,具体通信的工作过程如图 3-14 所示。

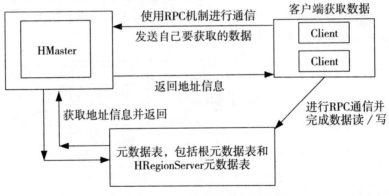

图 3-14 Client 的工作流程示意图

(2)Zookeeper

Zookeeper 是 HBase 服务器架构的心脏,主要负责在系统发生节点失效时对集群中的服务器节点进行协调。其主要作用如图 3-15 所示。

(3)HMaster

HBase 集群中通常有一个 HMaster 节点,对整个主机与数据都起着监视和控制作用,所有的 Region Server 通过定期与节点 HMaster 通信以保证正常的状态。HMaster 在功能上主要负责 Table 和 Region 的管理工作。

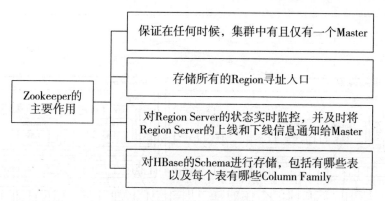

图 3-15　Zookeeper 的主要作用

①管理用户对 Table 的更新操作。

②管理 HRegionServer 的负载均衡，调整 Region 的分布。

③若发现失效的 Region Server，重新分配 Region。

④在 HRegionServer 停机后，负责失效 HRegionServer 上 Regions 迁移。

⑤对 GFS 上的垃圾文件进行回收。

（4）HRegionServer

HRegionServer 的主要工作职责就是负责响应相应用户的输入/输出请求，并参与数据的输入输出过程。HRegionServer 的内部结构如图 3-16 所示，主要由一个或多个 Store 组成。

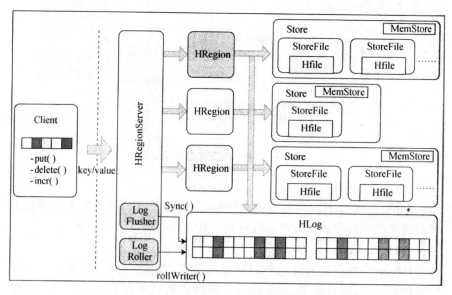

图 3-16　HRegionServer 内部结构

4. HBase 文件格式

HBase 中的所有数据文件都存储在 Hadoop HDFS 文件系统上，主要包括两种文件类型。

（1）HFile 数据文件

HFile 数据文件实际上是 StoreFile 的底层存储形式，是用于存储具体键-值对数据的文件。HFile 采用二进制格式文件存储 HBase 键值数据，其存储数据的结构和二进制分布如图 3-17 所示。由图中可以看出，键值由很多项组成，每项有自身的字节数据。

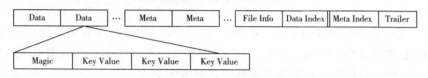

图 3-17　内部数据结构

HFile 文件中以键－值对的方式存储数据，里面包含有各种已规定长度的字节数组项，图 3-18 所示的是其具体结构。

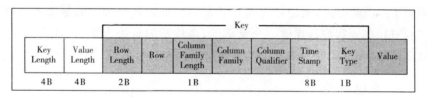

图 3-18　HFile 里面的键－值对结构

（2）HLog 日志文件

HLog 日志文件的结构如图 3-19 所示。HLog 文件就是一个普通的 Hadoop 序列文件（Sequence File），其中，HLogKey 记录了写入数据的归属信息、序列号（Sequence number）和时间戳（Timestamp）。时间戳记录了数据的写入时间，序列号记录了数据最近一次存入文件系统中的序列数字，起始值为 0。

3.2.2　列式存储的 Bigtable

1. 概述

BigTable 是谷歌设计的一个存储和处理海量数据的非关系型数据库。由于谷歌的很多应用程序都需要处理大量的格式化及半格式化的数据，而传统的基于固定模式的关系型数据库无法满足如此多样的数据格式。因此，开发出了弱一致性要求的数据库系统 BigTable。

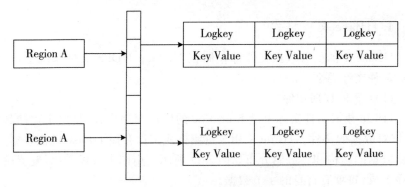

图 3-19　HLog 文件的结构

Google 的 BigTable 是一个典型的分布式结构化数据存储系统。在表中,数据是以"列族"为单位组织的,列族用一个单一的键值作为索引,通过这个键值,数据和对数据的操作都可以被分布到多个节点上进行。它不仅能够可靠地处理 TB、PB 级的超大规模数据,而且部署在上千台机器上也完全不是问题。

BigTable 的成功设计和开发,使得它在超过 60 个谷歌产品和项目上得到了广泛的应用,无论是在高吞吐量的批处理还是实时数据服务方面,BigTable 都能很好地提供一个灵活的、高性能的解决方案,并且成为后来众多开源 NoSQL 项目和产品的重要参照。

2. 系统架构

BigTable 是建立在其他几个谷歌基础构件上的,系统架构如图 3-20 所示。

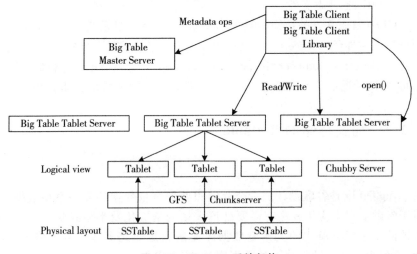

图 3-20　BigTable 系统架构

（1）分布式文件 GFS(Google File System)

GFS 通常被认为是一种面向不可信任服务器节点而设计的文件系统，主要用于存储日志文件和数据文件。

GFS 拥有两类节点。

一是 Chunk 节点。Chunk 节点主要用于存储与用户交换数据的 Chunk(数据块)。数据文件在存储的过程中，通常是分割成 Chunk 进行存储。Chunk 具有唯一能被识别的标签，大小一般为 64MB，且一般被 DFS 在系统中默认复制三次。

二是 Master 节点。Master 节点包括 Chunk 数据块的标签、Chunk 的副本位置以及正在被操作的 Chunk。

GFS 的系统架构如图 3-21 所示。

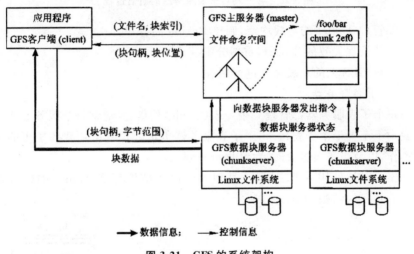

图 3-21　GFS 的系统架构

（2）客户端(Client Library)

客户端是 BigTable 系统的一部分，它主要是与子表服务器(Table Server)进行通信，由分布式锁服务组件(Chubby Server)进行连接，具体如图 3-22 所示。

由图 3-20、图 3-22 可以看出，客户端通信时不经过 Master 主服务器，也就是说，在实际应用中，主服务器不需要承担较多的负载。

（3）主服务器(Table Server)

主服务器主要负责管理子表服务器和执行原数据操作。它主要负责对子表服务器进行管理，主要作用有：

①管理 Table 的添加操作。

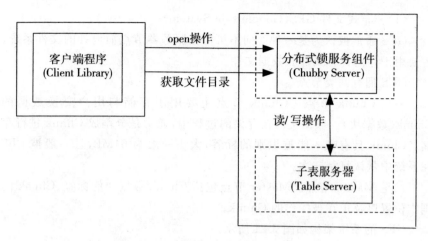

图 3-22   客户端与子表服务器的通信过程

②管理 Tablet 的负载均衡,调整 Region 的分布。

③若发现失效的 Tablet,重新分配 Tablet。

④对 GFS 上的垃圾文件进行回收。

(4)子表服务器

每个子表服务器都管理一个子表(Table)的集合(通常每个服务器有大约数十个至上千个子表)。每个子表服务器负责处理它所加载的子表的读写操作,以及当子表过大时,对其进行分割。

BigTable 使用一个三层的、类似 B+树的结构存储 Tablet 的位置信息。Tablet 的结构如图 3-23 所示。

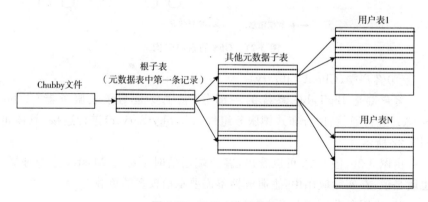

图 3-23   Tablet 地址结构

第一层是一个存储在 Chubby 中的文件,它存储了根子表(Root Tablet)的位置信息。Root Tablet 包含了元数据表(META DATA Table)里的所有 Tablet 的位置信息。根子表中记录了元数据表中用户 Tablet 的位置信息,而元数据表中则记录了用户数据在 HDFS 中物理节点的具体存储位置信息的集合。为了加快访问速度,META 表的 Tablet 信息全部保存在内存中。客户端会将查询过的信息缓存起来,且缓存不会自动失效。如果客户端根据缓存信息还访问不到数据,则询问持有 META 表的 Region Server,试图获取数据的位置,如果还是失效,则询问根子表相关的 META 表在哪里。

根子表是元数据表中一个比较特殊的子表。首先它永远不会被分割,其次它是元数据表的第一个子表,它的表示如图 3-24 所示。

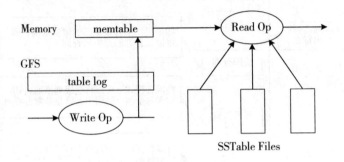

图 3-24　Tablet 的表示

3.2.3　列式存储的 Cassandra

Cassandra 采用了亚马逊 Dynamo 的基于 DHT 的完全分布式结构,可以更好地实现可扩展性。

1. 概述

Cassandra 最先开始由 Facebook 开发,并逐渐被 Web 网站采纳,成为一种非常流行的结构化数据库。对 Cassandra 数据库进行的读/写操作,都只会被反映到节点上去,故 Cassandra 数据库可以无缝地加入或删除节点,性能的扩展变得非常简单。

Cassandra 非常适合用于社交网络云计算,完全适用节点规模变化大的情况,它主要通过 Gossip 协议同步 Merkle Tree 并维护集群所有节点的健康状态,保持数据的一致性,无单点故障,无热点问题。

和其他数据库比较,Cassandra 的突出特点如图 3-25 所示。

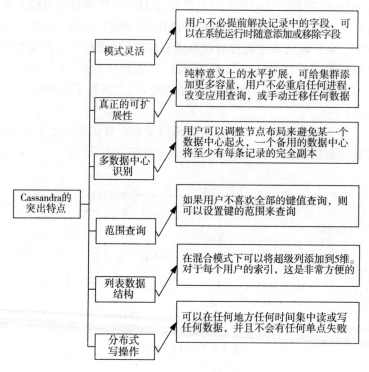

图 3-25　Cassandra 的突出特点

2. 数据模型

Cassandra 的数据模型可以被看做一个五维的哈希表,分为以下几个级别:键空间 Keyspace,列族,key,列,超级列(可选),具体如图 3-26 所示。

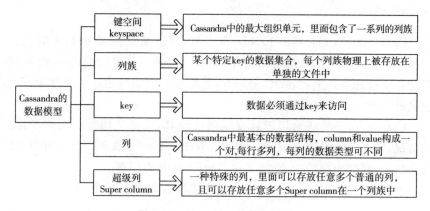

图 3-26　Cassandra 的数据模型

键空间 Keyspace 一般是应用程序的名称,列族与关系数据库中的表有些类似,key 是数据访问的入口,数据类型不固定的列使 Cassandra 变得灵活。

3.2.4　文档存储

文档数据库中数据存储的模式是文档,且对存储的文档数据无类型限制,任意格式的字段都可以进行存储。目前,文档数据库较为常见的主要有 CouchDB(Erlang 开发)和 MongoDB(C++开发)两种。

1. CouchDB

CouchDB 是一个面向文档的数据库管理系统,每一个文档都具有唯一的 ID 作为管理依据。CouchDB 提供以 JSON 为数据格式的 REST 接口,允许应用程序读取和修改这些文档,并可以通过视图来操纵文档的组织和呈现,具有高度可扩展性、高可用性和高可靠性,就算是故障率较高的硬件也能正确、顺畅运行。

CouchDB 数据库文件的后缀为 .couch,由 Header 和 Body 组成,数据库结构如图 3-27 所示。

CouchDB 的技术特征如下,系统架构如图 3-28 所示。

①RESTful API:CouchDB 系统的接口主要有 HTTP Get/PuffPost/Delete+JSON,这些接口都采用 HTTP 方式进行操作。

②每个数据库对应单个文件(以 JSON 保存),基于此存储方式,数据之间不仅没有关系范式要求,还可以做到热备份。

③在 CouchDB 系统,用户可以根据自身需求创建视图。

④采用 MVCC(Multi Version Concurrency Control)机制,读写均不锁定数据库。

⑤N-Master 复制:可以使用无限多个 Master 机器,构建数据网络拓扑。

⑥CouchDB 系统支持离线时存储数据,接入网络后会存储至云端。

⑦支持附件。

⑧使用 Erlang 开发(更多的特性)。

CouchDB 数据库的结构与数据模式互不干涉,结构主要的依赖对象是视图。数据结构依赖视图来创建文档间的关系且关系之间无限制,并提供聚合和报告特性。这些视图的结果是需要使用 MapReduce 来计算,计算结果流程如图 3-29 所示。

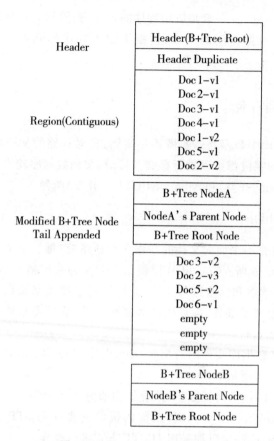

图 3-27　CouchDB 数据库结构

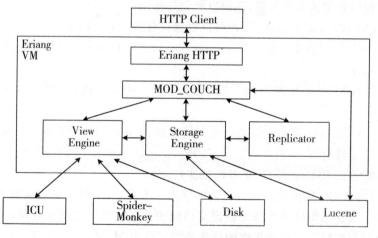

图 3-28　CouchDB 系统架构

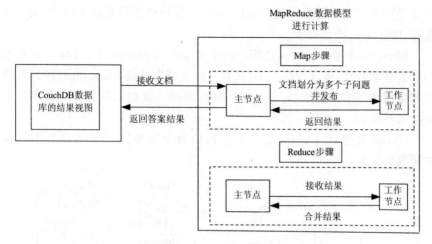

图 3-29　MapReduce 计算视图结果的流程图

2. MongoDB

MongoDB 是一个文档型 NoSQL 产品,在非关系数据库之中它的功能最为丰富,与关系数据库最为接近,因此也最受欢迎。它支持的是一种类似于 JSON 的 BJSON 格式的数据,其结构很松散,既可以存储相对复杂的数据类型,也可以动态地定义模式。

支持的查询语言极其强大是 Mongo 一个最大的特点,Mongo 的语法跟面向对象的查询语言有些类似,基本能够实现类似关系数据库单表查询中绝大多数的功能,主要包括 Ad hoc 查询、索引、主从复制、负载均衡、文件存储、聚集操作、JavaScript 集成等功能。它的特点是易使用、易部署、高性能,非常容易存储数据,当然了,它的并发读/写效率不是特别出色。

MongoDB 主要解决的是海量数据的访问效率问题,当数据超过一定规模时,它的访问速度是关系型数据库 MySQL 的数十倍以上。这是因为 MongoDB 拥有一个非常出色的分布式文件系统 GridFS,可以支持海量的数据存储。更因此受到许多不是特别复杂 Web 应用的青睐,越来越多的网站和项目将数据库从 MySQL 迁移到 MongoDB,数据查询的速度大幅提升。

虽然 MongoDB 的功能非常丰富,但它的架构却非常简单,在没有特殊要求时,MongoDB 数据库默认以一个单机数据库工作,不仅可直接安装工作,并且支持所有功能。

MongoDB 系统主要由 Shard 数据块、Mongos 进程、Config 服务器组成,系统架构如图 3-30 所示。

Shard 数据块:Shard 数据块主要用于存储 Mongod 进程,而 Mongod

进程是用于存储数据的,也就是说 Shard 数据块将数据存储复制,组成一个集群,防止主机单点故障。

　　Mongos 进程:Mongos 进程存在于前端路由 Mongo 中。Mongos 有助于数据自动分片,被认为是一个"数据库路由器",使得 Mongod 过程的集合看起来像是一个数据库,而 Mongod 过程是核心数据库服务器。客户端由此接入系统。

　　Config 服务器:Config 服务器上包括每个服务器、Shard 以及 Chunk 的元数据信息。

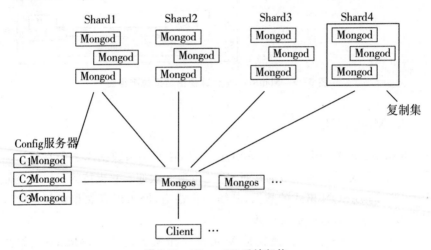

图 3-30　MongoDB 系统架构

　　MongoDB 数据库中对象数据的存储十分容易,它们将会被分组存储于数据集中,这个数据集具有唯一一个标识名,且其中包含的文档的数目没有限制,此时就称这个数据集为集合(Collection),MongoDB 数据库中的数据一般都是"面向集合"(Collection-Oriented)的。集合的概念与关系型数据库中的表有些类似,区别是表需要定义严格的模式,而集合则无须定义任何模式。Nytro MegaRAID 技术中的闪存高速缓存算法,能够快速识别数据库内大数据集中的热数据,提供一致的性能改进。

　　用户在 MongoDB 数据库中存储数据时无须知道结构定义,也就是说,用户存储时的数据模式是自由的。假如用户已知存储的数据模式,也不必存储同样结构的文件,模式自由(schema-free)支持多种数据类型。

　　MongoDB 数据库中的文档一般以键值对的方式存储在集合中。前面已经分析过,集合有唯一的一个标识名以便进行区分,文档是采用键具有唯一的标识来进行区分,值对文件的类型并不作限制,可以存储多种复杂类型的文件,这种存储形式叫做 BSON(Binary Serialized Document Format)。

MongoDB 数据库具有如下的技术特征。

①面向集合的存储：MongoDB 数据库中数据存储格式都是 JSON 形式，并使用 JavaScript 进行操作。

②数据动态查询：MongoDB 中支持动态查询，即在没有建立索引的行上也能进行任意查询，且深入到文档内嵌的对象及数组。这是因为 MongoDB 系统提供了一系列的操作命令用于文档查询集合。

③REST：MongoDB 的服务器主要采用二进制协议，在启动时只提供一个接口用于监视工具监控状态。

④MVCC：MongoDB 写操作即时完成。

⑤水平扩展性：MongoDB 系统使用数据分片实现水平扩展性，支持二进制数据以及对象自动分片。

但 MongoDB 系统中也存在着一些缺点。

①数据可靠性问题：MongoDB 系统在不正常停掉时并不能保证数据的一致性，必须运行 repairDatabase() 命令来修复数据文件。

②删除锁定问题：在 MongoDB 系统中批量删除数据时，数据库会组织读/写操作访问数据库，也就是说，在删除数据时网站会失去对数据库的响应。

③内存占用问题：MongoDB 系统会占用所有的空闲内存，即使 MongoDB 系统并没有这个需求，只有对 MongoDB 系统数据库重启时才能释放内存空间。

基于上述分析，MongoDB 适用于高性能的存储服务，大量的更新操作，经常变化的数据等场景，比如网站实时数据处理，构建在其他存储层之上的缓冲层，内容管理系统（Content Management System，CMS）、blog 等；不适用于传统的商业智能、复杂的跨文档级联查询以及要求高度事务性的系统等场景。

MongoDB 和 ConchDB 的对比分析如表 3-3 所示。[①]

表 3-3　MongoDB 和 CouchDB 的对比分析

数据库	MongoDB	CouchDB
数据类型	文档型，JSON-1ike	文档型，JSON-1ike
分区	连续范围分区	连续范围分区
一致性	强一致性	最终一致性，客户端解决冲突
可靠性	Master/Slave 复制集	多 Master 复制
架构	M/S	M/S

---

①　陆平，李明栋等．云计算中大数据技术与应用[M]．北京：科学出版社，2013．

3.3 key-value 数据库

key-value 数据库采用键-值（key-value）存储模式（一种结构最简单的 NoSQL 数据模型），与关系型数据库中的哈希表有些类似。key-value 数据库的 key 值与数据值 Value 的对应关系如图 3-31 所示。

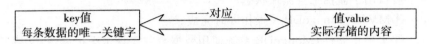

图 3-31 key 值与数据值 value 的对应关系

key-value 数据库的数据查询能力非常强，其速度远远要比关系型数据库快得多，并且可以满足大数据存储和高并发性的要求，而对于实际存储的内容并不关心。

此外，key-value 数据库还可采用另一种 key-value 存储模型——key-结构化数据存储模型。它将 key-value 存储中的 value 扩展为结构化的数据类型，包括数字、字符串、列表、集合以及有序集合。

key-结构化数据存储的典型代表是由 Salvatore Sanfilippo 写的 key-value 的高速缓存系统 Redis（REmote Dictionary Server）。键-值型存储模型的最大问题是它通常由哈希表实现，所以无法进行范围查询，同时存储的数据缺少结构化。但其优点是查询效率非常高。

key-value 存储系统具有相似的数据模型：一个 Map 字典允许用户根据 key 查找和请求 value。除了这些之外，现在的 key-value 存储更倾向于取得高的扩展性，会牺牲部分一致性，所以它们的大多数会略去对大量随机查询及一些分析特性（特别是连接和聚集操作）的支持。key-value 存储已经存在很长时间（例如 Berkeley DB），近几年发展起来的基于 key-value 的 NoSQL 系统比较知名的有 Redis、Memcached、Voldemort 等。下面对 Redis 进行简单介绍。

Redis 是由 VMware 公司赞助的开源内存存储系统，本质上是一个 key-value 类型的内存数据库。它采用标准 C 语言编写，支持多种内存数据结构，并提供多种语言的 API，性能非常高，可以说是最快的 NoSQL。Redis 类似于 Memcached，支持存储复杂的 value 类型，包括 string（字符串）、list（链表）、set（集合）、zset（有序集合）和 hash（哈希类型），并具有持久化功能，不仅实现了功能与性能之间的平衡。在此基础上，Redis 还支持各种不同方式的排序。

　　Redis 的设计非常精炼,除了支持操作系统之外,不支持第三方库的调用。特别值得称赞的是,虽然 Redis 不支持多核,但 Redis 的性能仍然非常出色。Redis 数据库拥有非常卓越的读/写性能,非常适合用于数据访问非常频繁的 Web 网站或 Web 项目,一些著名的大公司,例如,新浪、暴雪娱乐,以及新兴的基于社会化网络的 Pinterest、Instagram 等都采用 Redis 数据库存储数据。

　　但是,Redis 数据的容量经常被物理内存所限制,无法处理海量数据的高性能读/写,可扩展性较差,因此,不适合用于超大规模数据的高性能操作和运算。

3.4　图形数据库

　　图形数据库以图结构为基础。图存储模型也可以看成从 key-value 模型发展出来的一个分支,主要用于存储实体之间的关系信息。它克服了关系数据库查询复杂、缓慢的缺点,实现了非常灵活的查询。

　　图形数据库包括嵌入式图引擎 Neo4j、Twitter 的 FlockDB 和谷歌的 Pregel 等。其中,采用 Java 语言开发的、开源的 Neo4j 是图数据库中一个主要代表。

　　Neo4j 是一个嵌入式、基于磁盘的、支持完整事务的 Java 持久化引擎,它在图(网络)中而不是表中存储数据。经过多年的发展,目前已经可以用于生产环境。Neo4j 有两种运行方式,一种是服务的方式,对外提供 REST 接口,基于 PHP、. NET 和 JavaScript 语言的环境中都可以集成;第二种模式是嵌入式,直接将数据文件存储于本地,并直接操作管理本地数据。

　　Neo4j 的内核是性能极快的图形引擎,拥有非常快的图形算法,良好的扩展性。与关系数据库相比,Neo4j 数据库拥有以下优势:

　　①并行运行。可在一台或多台机器上并行处理海量数据的图。

　　②性能优越。频繁查询数据库时仍保持优良的性能,对复杂、互连接、结构化的数据进行查询时,会进行数据建模,查询速度与数据的数量无关,故性能优越。

　　缺点是检索算法较为复杂,对复杂的子图查询效率较低。

3.5　NewSQL 数据库

3.5.1　NewSQL 数据库的简介

所谓 NewSQL,是指这样一类系统,它们既保留了 SQL 查询的方便性,又能提供高性能和高可扩展性,而且还能保留传统的事务操作的 ACID 特性。这类系统既能达到 NoSQL 系统的吞吐率,又不需要在应用层进行事务的一致性处理。此外,它们还保持了高层次结构化查询语言 SQL 的优势。这类系统目前主要包括 Clustrix、NimbusDB 及 VoltDB 等。

有学者专家认为,在关系数据库管理系统(Relational Database Management System,RDBMS)中,一些锁机制、日志机制和缓冲区管理等因素制约了关系数据库的扩展和存储管理能力,只要优化如图 3-32 所示的因素,就能使关系数据库获得良好的性能。

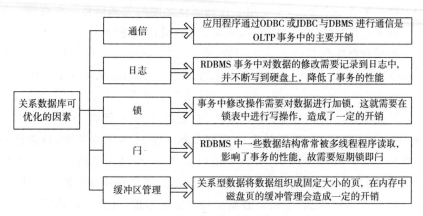

图 3-32　关系数据库可优化的因素

通过对上述因素的优化,出现了一种具有高扩展、高性能的 SQL 关系库,称之为 NewSQL,用以区别传统的关系型数据库。[①]

因此,NewSQL 被认为是针对 New OLTP 系统的 NoSQL 或者是 OldSQL 系统的一种替代方案。NewSQL 既可以提供传统的 SQL 系统的事务保证,又能提供 NoSQL 系统的可扩展性。如果 New OLTP 将来有一个

---

① 陈工孟,须成忠. 大数据导论:关键技术与行业应用最佳实践[M]. 北京,清华大学出版社,2015.

很大的市场的话,那么将会有越来越多不同架构的 NewSQL 数据库系统出现。

NewSQL 这一类新型的关系数据库管理系统,对于 OLTP 应用来说,它们可以提供和 NoSQL 系统一样的扩展性和性能,另外还能保证像传统的单节点数据库一样的 ACID 事务保证。

NewSQL 系统涉及很多新颖的架构设计,例如,可以将整个数据库都在主内存中运行,从而消除数据库传统的缓存管理(Buffer);可以在一个服务器上面只运行一个线程,从而去除轻量的加锁阻塞(Latching)(尽管某些加锁操作仍然需要,并且影响性能);还可以使用额外的服务器来进行复制和失败恢复的工作,从而取代昂贵的事务恢复操作。

用 NewSQL 系统处理某些应用非常合适,这些应用一般都具有大量的下述类型的事务,即短事务、点查询和 Repetitive(用不同的输入参数执行相同的查询)。另外,大部分 NewSQL 系统通过改进原始的 System R 的设计来达到高性能和扩展性,比如取消重量级的恢复策略、改进并发控制算法等。

3.5.2　NewSQL 的分类

NewSQL 系统的分类,是根据厂商们采取的不同方法(既保留 SQL 接口,又解决传统的 OLTP 方案的扩展性和性能的问题)来划分的,具体如图 3-33 所示。

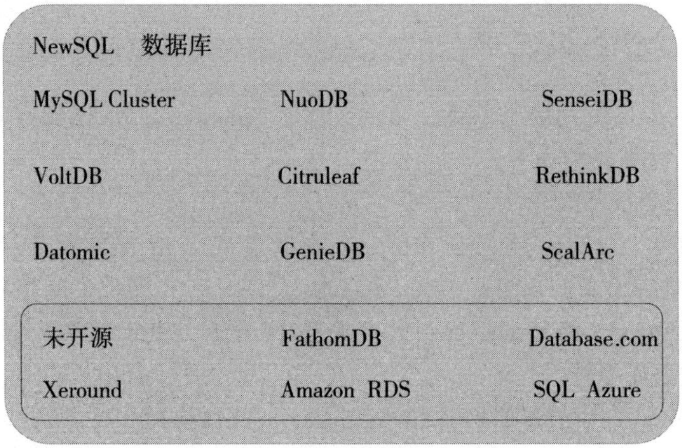

NewSQL　数据库		
MySQL Cluster	NuoDB	SenseiDB
VoltDB	Citruleaf	RethinkDB
Datomic	GenieDB	ScalArc
未开源	FathomDB	Database.com
Xeround	Amazon RDS	SQL Azure

图 3-33　NewSQL 系统的分类

(1)新数据库系统

NewSQL 系统为了达到扩展性和性能的目标,完全重新设计了它们的架构。当然对数据库底层系统的一些改变(希望只有很小的改变)也是需要的,另外对数据的迁移操作也是必需的。在提升性能时,主要的关注点是使用非磁盘(内存)或者其他介质的磁盘(如 Flash 或 SSD)来当做数据库主要的存储媒介。目前,这类解决方案可以仅仅是数据库软件(VoltDB、NuoDB、Drizzle 和 Google Spanner)或者是一整套完整的应用程序(Clustrix 和 Translattice)。

(2)新的 MySQL 存储引擎

MySQL 是 LAMP 架构的一部分,目前被广泛应用在 OLTP 的环境中。为了克服 MySQL 的可扩展性问题,一系列的存储引擎也被开发出来,包括 Xeround、Akiban、MySQL NDB cluster、GenieDB 和 Tokutek 等。这样做的好处是不用改变 MySQL 的接口。不足之处是,目前还不支持从其他数据库(包括旧的 MySQL 引擎)向这类新的 MySQL 中进行数据迁移。

(3)透明的集群

这种方案会保留原有的 OLTP 数据库,但是会提供一个透明的插件层来对这些数据库进行集群管理,从而保证可扩展性。另外,还可以提供透明的 Sharding 功能来提高系统的可扩展性。目前 Schooner MySQL、Continuont Tungsten 和 ScalArc 使用的是前一种方案,而 ScaleBase 和 dbShards 使用的是后面一种 Sharding 的方案。这两种方案都可以对原有的数据库生态系统进行重用,避免完全重写数据库引擎代码来进行数据迁移的操作。

3.5.3　NewSQL 产品

除 Google 公司的全球化分布式数据库 Spanner 之外,还有很多 NewSQL 系统,简单介绍如下。

(1)Google Spanner

2012 年,Google 公司公布了 Fl 数据库底层的存储组件 Spanner。Spanner 是一个具有高可扩展性、多版本、全球分布和同步复制等特性的数据库,它是第一个将数据扩展到世界规模,同时还支持分布式事务的外部一致性的数据库系统。

Spanner 立足于高抽象层次,使用 Paxos 协议横跨多个数据集,把数据分散到世界上不同数据中心的状态机中。

(2)Amazon RDS

Amazon Relational Database Service(Amazon RDS)是一个可以快速、

方便地在云中安装、操作和扩展关系数据库的互联网服务。

（3）SQL Azure

SQL Azure 提供的云数据库服务可以方便地替用户创建、管理和维护数据库，使得用户可以集中到开发应用上来。Azure 是在 SQL Server 的基础上构建的，是 Windows Azure 大平台的一部分。

（4）Database.com

Database.com 是一个现代、开放的服务，可以在云环境中自动扩展。它会在社交或者移动网络的需求之下进行内核的编译构建，而不是在之后突然要用到社交网络环境时才进行构建。

（5）Xeround

Xeround 是第一个解决了扩展性等问题，并且没有牺牲数据库的功能，比如 ACID 特性及获得关系数据库 SQL 的支持。Xeround 针对 MySQL 上的应用的云数据库可以提供无缝的 MySQL 的扩展性和高可用性，所有这些都是通过它简单的、一键式的 DBaaS 功能提供的。

（6）FathomDB

FathomDB 在云上替用户管理关系数据库并且维护数据库服务器。关系数据库即服务是它的一个主要特点。

（7）Akiban

Akiban 的表分组技术可以有效地替代目前的数据库的聚合。它可以不用修改数据库的模式，就能够消除 SQL 连接操作的代价。用户不必分析他们的数据库和计划复杂的数据库架构与应用逻辑的改变。Akiban 可以保证高的性能和高的扩展性。

（8）MySQL Cluster

MySQL Cluster 是工业界唯一的实时事务关系数据库系统，集成了99.999％的可用性和很低的 TCO。它使用了无共享的分布式架构，没有单点故障，从而可以保证高可用性和性能。

（9）Clustrix

Clustrix 的特点是：分布式的可扩展性、高性能、容错及高可用性。

（10）Drizzle

Drizzle 是一个社区开源项目，基础是 MySQL 数据库。Drizzle 开发团队去除了 MySQL 中的一些非必需的代码，重新组织代码结构到一个 plugin-based 架构中，并且将代码变为 C＋＋。

（11）GenieDB

GenieDB 是一个针对企业用户的地理多样化、全复制的 Datafabric。关注于要组织管理多个地点的应用，并且需要全球的一致性，用户数据相近,在广泛范围内可用或可扩展的企业应用。

(12)ScalArc iDB

ScalArc iDB是一个针对云或者数据中心的高性能的 SQL 加速器。

(13)CodeFutures-dbShards

CodeFutures 公司的 dbShards 利用数据库 sharding 的技术来帮助企业扩展高容量的数据库。数据库 sharding 是一个被许多著名的大容量互联网站点(比如 Flickr、YouTube 和 Google)广泛使用的数据库扩展性架构。和传统的数据仓库方案不同,dbShards 大大提高了 OLTP 数据库、软件即服务(SaaS),以及其他有着并发访问用户的系统的响应时间和扩展性,这些系统都使用廉价的硬件。

(14)Schooner MySQL

Schooner MySQL 对使用 InnoDB 存储引擎的 MySQL 进行了优化,使得它们可以利用 Flash 存储及多核处理器的力量和效率。

(15)Tokutek

Tokutek 是一个高扩展、自动恢复的 MySQL 和 MariaDB 存储引擎。它提供了基于索引的查询加速,并且允许 Hot Schema 修改。

(16)ScaleBase

ScaleBase Database Load Balancer 在数据库应用和后台的数据库实例之间起负载均衡的作用。具体实现和标准与基于互联网的负载均衡器类似。

(17)NimbusDB

NimbusDB 是一个 NewSQL 数据库。外部接口和传统的 SQL 数据库是一样的,但是内部的实现却完全不一样。它是针对新的数据中心的一类新的数据库。

(18)Continuent Tungsten

Continuent Tungsten 包含两个独特的工业领先产品,它们使用数据复制和分布式管理技术,在开源数据库基础上创建商业应用。

(19)VoltDB

VoltDB 整合了经过验证的关系处理模型,具有高吞吐率、线性可扩展和无缝的容错能力。VoltDB 对于需要高吞吐率,并且需要 100% 的数据一致性和实时分析功能的数据应用来说,是一个理想的数据库解决方案。

(20)TransLattice

TransLattice 提供了第一个地理分布的关系数据库系统来适应目前出现的相关应用。

3.6　基于 NoSQL 的 Megastore 存储系统

通常,HBase 及 Cassandra 等 NoSQL 数据库主要提供高可扩展性支持,在一致性和可用性方面会做相应的牺牲,在对传统的 RDBMS 的 ACID 语义、事务支持等方面存在不足。因此有很多系统努力尝试把 NoSQL 与传统的关系型数据库融合,并为一致性和高可用性提供强有力的保证,其中谷歌的 Megastore 是具有代表性的系统。

Megastore 使用同步复制来达到高可用性和数据的一致性视图。简而言之,Megastore 对"不同地域的低延迟性的副本"提供了完全的串行化 ACID 语义来支持交互的在线服务,Megastore 为了达到这个目标,在 RDBMS 和 NoSQL 之间折中,将数据进行分区,每个分区进行复制,分区内部提供完全的 ACID 语义,但是分区和分区之间只保证有限的一致性。

1. 系统架构

Megastore 系统架构如图 3-34 所示。

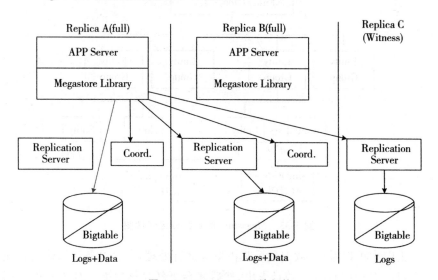

图 3-34　Megastore 系统架构

由图中可以看出,Megastore 系统中拥有多个副本。副本可用作日志、索引数据、清空数据等作用。此外,副本中还有一种特殊的角色,称之为观察者(Witnesses),只进行无效地写日志操作,无数据,主要用于组成 quo-rum(当副本缺乏时)。

Megastore 通过客户库(Client Library)及一个辅助服务器来完成应用。应用连接到客户库,该客户库实现了 Paxos 及其他算法:选择一个副本进行读,延迟副本的追赶等。每个应用服务器都制定了一个本地复制件。该客户库通过"直接提交事务到本地 BigTable"使 Paxos 持久地操作于副本上。为了最小化大范围内的往复次数,该库将运程 Paxos 操作递交到与它们的本地 BigTables 通信的无状态调解者副本服务器。

2. Megastore 的可用性

Megastore 的高可用性依靠对数据分区来实现。每一个分区数据都拥有自己的日志,各自的事务处理也互相独立,如图 3-35 所示,故 Megastore 的可用性非常高。

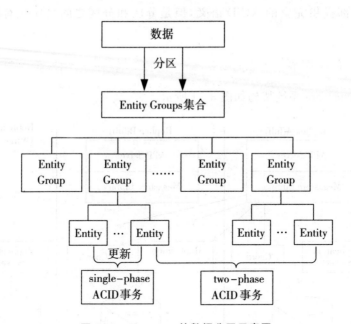

图 3-35　Megastore 的数据分区示意图

由图中可以看出,数据最后都由事务进行处理,一个事务写操作会首先写入对应 Entity Group 的日志中,然后才会更新具体数据。具体的生命周期步骤如图 3-36 所示。

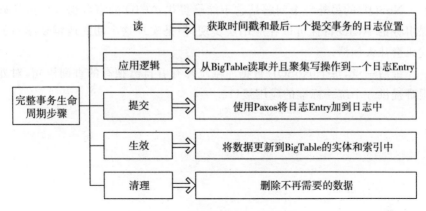

图 3-36　完整事务生命周期步骤

小　　结

可见,NoSQL 数据库具备这些特征:数据结构简单、不需要数据库结构定义(或者可以灵活变更)、不对数据一致性进行严格保证,以及通过横向扩展可实现很高的扩展性等。简而言之,就是一种以牺牲一定的数据一致性为代价,追求灵活性和扩展性的数据库。

整体上来说,NoSQL 数据库市场的产品还不够成熟。很多 NoSQL 数据库都是一些互联网企业以内部使用为目的而自行开发的,如亚马逊开发的 Dynamo、Facebook 开发的 Cassandra 等。因此,和商用产品相比,在成熟度方面还有着很大的差距。而要招募到具备足够技能的数据库工程师,也比 RDBMS 困难得多。此外,很多 NoSQL 数据库,像 Dynamo 的分支项目 Project Voldemort 和 Cassandra 等,都是开源项目,企业很难期望能得到与商用产品一样的支持服务。在这一点上,Oracle 这样的大型厂商发布商用 NoSQL 数据库产品,并提供相应的支持服务,对于一般企业用户或系统集成商来说,将会带来巨大的影响,也将使得企业用户部署 NoSQL 数据库的门槛大大降低。

虽然 NoSQL 数据库的确提供了很好的可扩展性和灵活性,但是它们也有局限。例如,关系代数和关系计算为 SQL 提供了数学上的严谨保证,这样良好的结构化查询能够保证查询到需要查询的所有数据,即使是在查询语句非常复杂的情况下。然而,不使用 SQL 查询语言,使得 NoSQL 数据库系统缺少了高层次结构化查询的能力。

　　NoSQL 的另外一个问题是它不能够提供 ACID 的事务保证。虽然确保事务的 ACID 特性可以在应用层实现,但是实现这个功能所需要编写的代码会让人崩溃。

　　最后一点,每个 NoSQL 数据库系统都有着自己独有的查询语句,对外很难提供一个统一标准的应用接口。

第 4 章　分布式计算框架 MapReduce

在云计算和大数据技术领域被广泛提到并被成功应用的一项技术就是 MapReduce。MapReduce 是 Google 系统和 Hadoop 系统中的一项核心技术。MapReduce 将实现和业务逻辑分离,只需要简单地调用接口就可以实现分布式的计算。作为一种解决方案,MapReduce 计算模型有效地解决了传统算法处理大数据集时的性能瓶颈问题,同时它以易使用和易理解的方式简单高效地解决了传统并行计算编程效率不高的问题。

4.1　MapReduce 的引入

4.1.1　并行处理支持大数据处理

如果说现在是信息时代,你会同意;如果说现在是信息爆炸时代,你也会同意;如果说你每天的活动会产生不少信息,为这信息爆炸添砖加瓦,你可能就会疑问了:我有吗? 那是肯定的。

你在上班的路上看到天气很好,用手机拍下来,发到微博上,这就产生了信息。坐公共汽车用羊城通付款,会在羊城通公司的数据库留下信息。上班后向客户发送电子邮件,编写工作文档,也产生了信息。下班回家浏览网页,通过网络进行购物,也会产生信息。可以说,信息的产生伴随了你的日常生活。相对于你产生的信息,你接受的信息那就更多了。你每天通过电视、报纸、网络、广播接收的新闻、资讯等数不胜数。这些只是我们能接触到的信息,还有大量我们不知道的信息每时每刻都在产生。所以说这是一个信息爆炸的时代。而信息和数据有什么关系呢? 数据是信息的一种存储方式,所以信息量越多,数据量也越大。

大数据时代的数据具备以下三个特征:

①数量大。这是最基本的,有海量的数据才能称为大数据,通常数据量至少达到 PB 级或 EB 级,甚至 ZB 级。

②样式多。由于多媒体技术的发展,数据呈现多样化。除数字、文字

外,还有表格、图形、图像、声音、视频等,而且后者的比例不断上升,甚至逐渐占据主导地位。

③速度快。是指数据的产生速度快,时效性强,对数据的分析处理、存储都要快。

大数据是海量、高增长率和多样化的信息资产,处理这样的海量数据非常耗时费力。同时要求高效的大数据处理速度,一台高性能机器是无法完成处理任务的,即使可以完成,计算出来的数据可能已失去意义(时效已过)。因此,如何提高数据处理速度是大数据应用的一个关键。

要快速处理大规模的数据,有两种方法可以选择:一是增强单台计算机的处理能力,如增加处理器的运算速度或增加处理器的数量;二是增加计算机的数量,让多台计算机同时处理。单台计算机的运算速度是不能无限增加的,并且费用昂贵。可行的方法就是增加处理数据的计算机了。一只蚂蚁可能啃不下骨头,但无数的蚂蚁呢?

小蚂蚁成就了超级计算机,而在大数据处理中,小蚂蚁也能发挥重要作用。在这里,小蚂蚁不再是处理器,而是普通性能的计算机。由大量的计算机共同工作,进行数据处理,以加快数据处理速度,这也是并行处理的一种方式。

并行处理分为两种形式,一种是将一个复杂任务分解为不同的功能部分,分别由不同的计算机来执行,每台计算机执行的程序都是不同的,就像工厂里的流水线;另一种是将海量数据分拆为小数据,然后将小数据分配给不同的计算机来处理,每台计算机都执行相同的程序,不同的只是处理的数据。而在云计算中进行大数据处理所用的并行方式通常是后一种。

并行处理通过使用廉价的计算机集群来提高运算能力。大型主机价格昂贵,同样的成本下,采用廉价的计算机集群可以获得更高的运算能力。并行计算还有一个优点就是可以提高容错能力。对于单台大型主机来说,机器故障(虽然这种情况很少发生)就会导致系统的运行停止;而对于具备几百甚至几千台机器的集群来说,几台机器的故障(这是经常发生的)并不影响系统的正常运行。谷歌在设计它的并行处理系统时,就认为故障是常态,是正常的,它有足够的措施来保证部分机器的故障对整个系统的工作是没影响的。

谷歌公司的 MapReduce 技术在大数据处理方面有着过人的优势,它是一种并行编程模型,是谷歌云计算系统架构的核心技术,是用来对谷歌搜索引擎几十亿的网页信息进行检索、排序的利器。我国的联通公司建设的一个处理用户通信记录的数据存储和查询系统,通过采用并行处理技术,使得查询速度非常快,在 1200 亿条数据当中检索一个用户数据所费时间小于 1s。

这些都是并行技术在处理大数据方面的成功例子。

4.1.2　MapReduce 系统架构

　　MapReduce 系统主要由客户端(Client)、主节点(Master)以及工作节点(Worker)三个模块组成,其系统架构如图 4-1 所示。

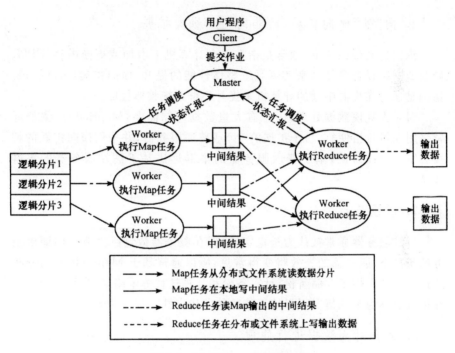

图 4-1　MapReduce 的系统架构

1. Client

用户撰写的并行处理作业会通过客户端(Client)提交给 Master 节点。

2. Master

　　主节点(Master)会将接收到的并行处理作业自动地分解为 Map 任务和 Reduce 任务,并将任务调度到工作节点(Worker)。

3. Worker

工作节点(Worker)用于向 Master 请求执行任务,同时多个 Worker 节点组成的分布式文件系统用于存储 MapReduce 的输入/输出数据（MapRe-duce 的输入/输出数据也可以保存在专门的文件系统或数据库系统中）。

当请求任务的 Worker 节点保存有任务处理的数据时，Map 任务可以在本地读取并处理数据，从而降低了网络的开销，提高了系统性能。

4.1.3　MapReduce 的特点

1. 向"外"横向扩展，而非向"上"纵向扩展

纵向扩展（Scale-up）通常是指在一台计算机上增加或更换内存、CPU、硬盘或网络设备等硬件来实现系统整体性能的提升，横向扩展（Scale-out）指的是通过在集群中增加计算机来提升集群系统整体性能。

对于大规模数据处理，由于有大量数据存储需要，MapReduce 集群通常采用大量价格便宜、易于扩展的 PC 或普通服务器，并采用横向扩展的解决方案。显而易见，基于普通服务器的集群远比基于高端服务器的集群优越。

2. 假设节点的失效为常态

传统服务器通常被认为是稳定的，但在服务器数量巨大或采用廉价服务的条件下，服务器的失效将变得常见，所以通常基于 MapReduce 的分布式计算系统采用了存储备份、计算备份和计算迁移等策略来应对，从而实现在单节点不稳定的情况下保持系统整体的稳定性。

3. 适合对大数据进行处理

由于基于 MapReduce 的系统并行化是通过数据切分实现的数据并行，同时计算程序启动时需要向各节点拷贝计算程序，过小的文件在这种模式下工作反而会效率低下。Google 的实验也表明一个由 150s 时间完成的计算任务，程序启动阶段的时间就花了 60s，可以想象，如果计算任务数据过小，这样的花费是不值得的，同时对过小的数据进行切分也无必要。所以 MapReduce 更适合进行大数据的处理。

4. 需要相应的分布式文件系统支持

值得注意的是，单独的 MapReduce 模式并不具有自动的并行性能，就像它在 LISP 语言中的表现一样，它只有与相应的分布式文件系统相结合才能完美地体现 MapReduce 这种编程框架的优势。如 Google 系统对应的分布式文件系统为 GFS，Hadoop 系统对应的分布式文件系统为 HDFS。

MapReduce 能实现计算的自动并行化很大程度上是由于分布式文件系统在对文件存储时就实现了对大数据文件的切分,这种并行方法也叫数据并行方法。数据并行方法避免了对计算任务本身的人工切分,降低了编程的难度,而像 MPI 往往需要人工对计算任务进行切分,因此分布式编程难度较大。

5. 无需特别的硬件支持

和高性能计算不同,基于 MapReduce 的系统往往不需要特别的硬件支持,按 Google 的报道,他们的实验系统中的节点就是基于典型的双核 X86 的系统,配置 2~4GB 的内存,网络由百兆网和千兆网构成,存储设备为便宜的 IDE 硬盘。

6. 计算向存储迁移

传统的高性能计算数据集中存储,计算时数据向计算节点复制,而基于 MapReduce 的分布式系统在数据存储时就实现了分布式存储,一个较大的文件会被切分成大量较小的文件存储于不同的节点,系统调度机制在启动计算时会将计算程序尽可能分发给需要处理的数据所在的节点。计算程序的大小通常会比数据文件小得多,所以迁移计算的网络代价要比迁移数据小得多。

7. 平滑无缝的可扩展性

其主要包括数据扩展和系统规模扩展两层意义上的扩展性。理想的算法应当能随着数据规模的扩大而表现出持续的有效性,性能上的下降程度应与数据规模扩大的倍数相当。

在集群规模上,要求算法的计算性能应能随着节点数的增加保持接近线性程度的增长。多项研究发现,基于 MapReduce 的计算性能可随节点数目增长保持近似于线性的增长。

4.2　MapReduce 编程模型

4.2.1　MapReduce 编程模型简介

Hadoop MapReduce 编程模型主要有两个抽象类构成,即 Mapper 和 Reducer,Mapper 用以对切分过的原始数据进行处理,Reducer 则对 Mapper 的结果进行汇总,得到最后的输出,简单来看,其模型如图 4-2 所示。

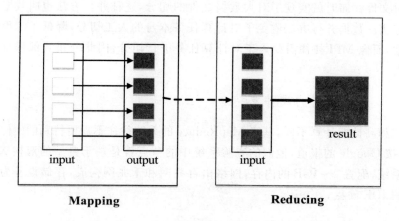

图 4-2　MapReduce 简易模型

在数据格式上,Mapper 接受<key,value>格式的数据流,并产生一系列同样是<key,value>形式的输出,这些输出经过相应处理,形成<key,{value list}>的形式的中间结果;之后,由 Mapper 产生的中间结果再传给 Reducer 作为输入,把相同 key 值的{value list}做相应处理,最终生成<key,value>形式的结果数据,再写入 HDFS 中,如图 4-3 所示。

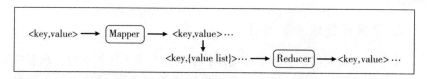

图 4-3　MapReduce 简易数据流

当然,上述只是 Mapper 和 Reducer 的处理过程,还有一些其他的处理流程并没有提到,例如,如何把原始数据解析成 Mapper 可以处理的数据,Mapper 的中间结果如何分配给相应的 Reducer,Reducer 产生的结果数据以何种形式存储到 HDFS 中,这些过程都需要相应的实例进行处理,所以 Hadoop 还提供了其他基本 API:InputFormat(分片并格式化原始数据)、Partitioner(处理分配 Mapper 产生的结果数据)、OutputFormat(按指定格式输出),并且已经提供了很多可行的默认处理方式,可以满足大部分使用需求。多数情况下,用户只需要实现相应的 Mapper()函数和 Reducer()函数即可实现基于 MapReduce 的分布式程序的编写,涉及这几方面(Input-Format、Partitioner、OutputFormat)的处理,直接调用即可,如 WordCount 程序就是这样。

4.2.2　MapReduce 简单模型

对于某些任务来说,可能并不一定需要 Reduce 过程,如只需要对文本的每一行数据作简单的格式转换即可,那么只需要由 Mapper 处理后就可以了。所以 MapReduce 也有简单的编程模型,该模型只有 Mapper 过程,由 Mapper 产生的数据直接写入 HDFS,如图 4-4 所示。

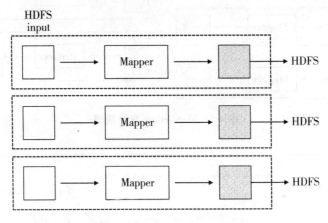

图 4-4　MapReduce 简单模型

4.2.3　MapReduce 复杂模型

对于大部分的任务来说,都是需要 Reduce 过程的,并且由于任务繁重,会启动多个 Reducer(默认为 1,根据任务量可由用户自己设定合适的 Reducer 数量)来进行汇总,如图 4-5 所示。如果只用一个 Reducer 计算所有 Mapper 的结果,会导致单个 Reducer 负载过于繁重,成为性能的瓶颈,大大增加任务的运行周期。

如果一个任务有多个 Mapper,由于输入文件的不确定性,由不同 Mapper 产生的输出会有 key 相同的情况;而 Reducer 是最后的处理过程,其结果不会进行第二次汇总,为了使 Reducer 输出结果的 key 值具有唯一性(同一个 key 只出现一次),由 Mapper 产生的所有具有相同 key 的输出都会集中到一个 Reducer 中进行处理。如图 4-6 所示,该 MapReduce 过程包含两个 Mapper 和两个 Reducer,其中两个 Mapper 所产生的结果均含有 k1 和 k2,这里把所有含有<k1,v1 list>的结果分配给上面的 Reducer 接收,所有含有<k2,v2 kist>的结果分配给下面的 Reducer 接收,这样由两个 Reducer 产生的结果就不会有相同的 key 出现。值得一提的是,上面所说的只是一种分配情况,根据实际情况,所有的<k1,v1 list>和<k2,v2 list>也可能都会分配给同一个 Reducer,但是无论如何,一个 key 值只会对应一个 Reducer。

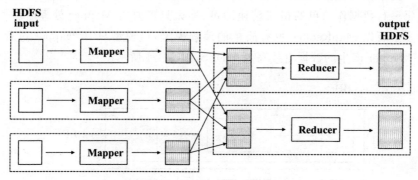

图 4-5   MapReduce 复杂模型

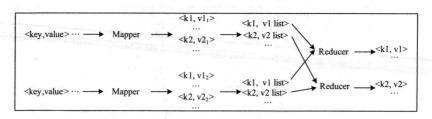

图 4-6   key 值归并模型

4.2.4   MapReduce 工作流程

在大数据分析处理中,MapReduce 的作用是不可忽略的,至关重要,那么 MapReduce 又是怎么工作的呢? 其工作流程图如图 4-7 所示。

由图 4-7 可以看出,每一个 job 都会在用户端通过 JobClient 类将应用程序以及配置参数打包成 jar 文件存储在 HDFS,并把路径提交到 Job-Tracker,然后由 JobTracker 创建每一个 Task(即 MapTask 和 Reduc-eTask)并将它们分发到各个 TaskTracker 服务中去执行。

JobTracker 是一个 Master 服务,JobTracker 负责调度 Job 的每一个子任务 Task 运行于 TaskTracker 上,并监控它们,如果发现有失败的 Task 就重新运行它。一般应该把 JobTracker 部署在单独的机器上。

TaskTracker 是运行于多个节点上的 slaver 服务。TaskTracker 则负责直接执行每一个 task。TaskTracker 都需要运行在 HDFS 的 DataNode 上。

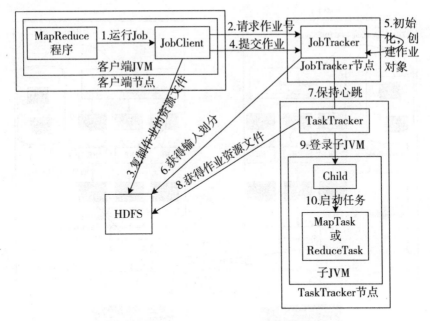

图 4-7　MapReduce 工作流程图

1. MapReduce 各个执行阶段

通常说来,Hadoop 的一个简单的 MapReduce 任务,执行的各个阶段流程和所用到的各部分功能如图 4-8 所示。该流程的主要处理步骤如下:

①JobTracker 在分布式环境中负责客户端对任务的建立和提交。

②InputFormat 模块主要为 Map 做预处理。

③RecordReader 处理后的结果作为 Map 的输入,然后 Map 执行定义的 Map 逻辑,输出处理后的 key/value 对到临时中间文件。

④Shuffle&Partitioner,这两部分的功能主要是负责对输出的结果进行排序、分割和配置。在 MapReduce 流程中,为了让 Reduce 可以并行处理 Map 结果,必须由 Shuffle 对 Map 的输出进行一定的排序和分割处理,然后再交给对应的 Reduce。Partitioner 为 Map 的结果配置相应的 Reduce,当 Reduce 很多的时候比较实用,因为它会分配 Map 的结果给某个 Reduce 进行处理,然后输出其单独的文件。

⑤Reduce 处理实际的任务,得到结果,并且将结果传递给 OutputFormat。

⑥OutputFormat 用于测试是否已有输出目录,以及测试输出结果的类型是否属于 Config 中的配置类型,若成立则输出 Reduce 汇总的结果。

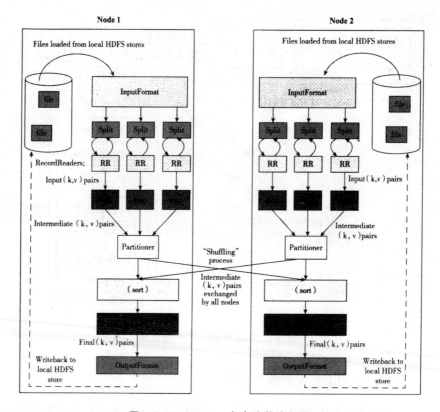

图 4-8　MapReduce 各个阶段流程图

2. Map 过程

Mapper 接受<key,value>形式的数据,并处理成<key,value>形式的数据,具体的处理过程可由用户定义。在 WordCount 中,Mapper 会解析传过来的 key 值,以“空字符”为标识符,如果碰到“空字符”,就会把之前累计的字符串作为输出的 key 值,并以 1 作为当前 key 的 value 值,形成<word,1>的形式,如图 4-9 所示。

3. Shuffle 过程

Shuffle 过程是指从 Mapper 产生的直接输出结果,经过一系列的处理,成为最终的 Reducer 直接输入数据为止的整个过程,如图 4-10 所示,这一过程也是 MapReduce 的核心过程。

整个 Shuffle 过程可以分为两个阶段,Mapper 端的 Shume 和 Reducer 端的 Shuffle。由 Mapper 产生的数据并不会直接写入磁盘,而是先存储在内存中,当内存中的数据达到设定阈值时,再把数据写到本地磁盘,并同时进行 sort(排序)、combine(合并)、partition(分片)等操作。

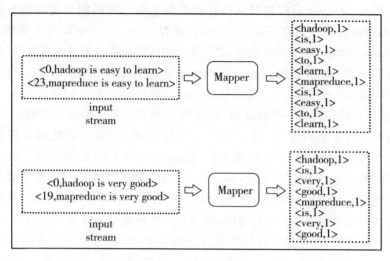

图 4-9　WordCount 的 Mapper 处理演示

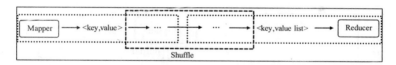

图 4-10　Shuffle 过程

sort 操作是把 Mapper 产生的结果按 key 值进行排序;combine 操作是把 key 值相同的相邻记录进行合并;partition 操作涉及如何把数据均衡地分配给多个 Reducer,它直接关系到 Reducer 的负载均衡。其中 combine 操作不一定会有,因为在某些场景不适用,但为了使 Mapper 的输出结果更加紧凑,大部分情况下都会使用。

Mapper 和 Reducer 是运行在不同的节点上的,或者说,Mapper 和 Reducer 运行在同一个节点上的情况很少,并且,Reducer 数量总是比 Mapper 数量少的,所以 Reducer 端总是要从其他多个节点上下载 Mapper 的结果数据,这些数据也要进行相应的处理才能更好地被 Reducer 处理,这些处理过程就是 Reducer 端的 Shuffle。

(1)Mapper 端的 Shuffle

Mapper 产生的数据不直接写入磁盘,因为这样会产生大量的磁盘 IO 操作,会直接制约 Mapper 任务的运行,所以设计将 Mapper 的数据先写入内存中,当达到一定数量,再按轮询方式写入磁盘中(位置由 mapreduce, cluster. local. dir 属性指定），这样不仅可以减少磁盘 IO，内存中的数据在写入磁盘时还能进行适当的操作。

那么，Mapper 后的数据从内存到磁盘是经何种机制处理的呢？每一个 Mapper 任务在内存中都有一个输出缓存（默认为 100MB，可由参数 mapreduce. task. io. sort. mb 设定，单位为 MB），并且有一个写入阈值（默认为 0.8，即 80％，可由参数 mapreduce. map. sort. spill. percent 设定），当写入缓存的数据占比达到这一阈值时，Mapper 会继续向剩下的缓存中写入数据，但会在后台启动一个新线程，对前面 80％ 的缓存数据进行排序（sort），然后写入到本地磁盘中，这一操作称为 spill 操作，写入磁盘的文件称为 spill 文件，或者溢写文件，如图 4-11 所示；如果剩下的 20％ 缓存已被写满而前面的 spill 操作还没完成，Map 任务就会阻塞，直到 spill 操作完成再继续向缓存中写数据。Mapper 在向缓存中写入数据是循环写入的，循环写入是指当已写到缓存的尾位置时，继续写入会从缓存头开始，这里必须等待 spill 操作完成，以使前面占用的缓存空闲出来，这也是 Map 任务阻塞的原因。在 spill 操作时，如果定义了 combine 函数，那么在 sort 操作之后，再进行 combine 操作，然后再写入磁盘。

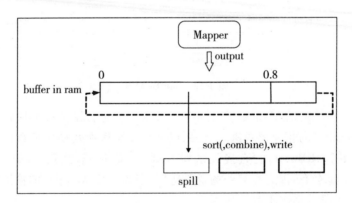

图 4-11　spill 操作

sort 过程是根据数据源按 key 进行二次快速排序，排序之后，含有相同 key 的数据被有序地集中到一起，这样，不管是对于后面的 combine 操作还是 merge sort 操作，都具有非常大的意义；combine 操作是将具有相同 key 的数据合并成一行数据，它必须在 sort 操作完成之后进行，如图 4-12 所示。combiner 其实是 Reducer 的一个实现，不过它在 Mapper 端运行，对要交给 Reducer 处理的数据进行一次预处理，使 Map 之后的数据更加紧凑，更少的数据被写入磁盘和传送到 Reducer 端，不仅降低了 Reducer 的任务量，还减少了网络负载。

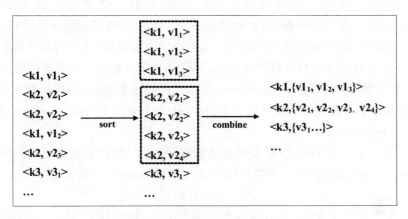

图 4-12　排序组合（sort and combine）

当某个 Map 任务完成后，一般会有多个 spill 文件，很明显，每个 spill 本身的数据是有序的，但它们并不是整体全局有序，那么如何把这些数据尽量均衡地分配给多个 Reducer 呢？这里会采用归并排序（merge sort）的方式将所有的 spill 文件合并成一个文件，并在合并的过程中提供一种基于区间的分片方法（partition），该方法将合并后的文件按大小进行分区，保证后一分区的数据在 key 值上均大于前一分区，每一个分区会分配给一个 Reducer。所以最后除了得到一个很大的数据文件外，还会得一个 index 索引文件，里面存储了各分区数据位置偏移量，如图 4-13 所示。注意，这里数据均是存储在本地磁盘中。

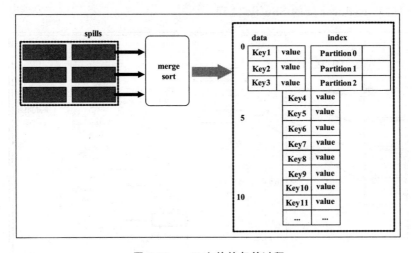

图 4-13　spill 文件的归并过程

merge sort 是一个多路归并过程,其同时打开文件的个数由参数 mapreduce. task. io. sort. factor 控制,默认是 10 个,图 4-14 所示的是 3 路归并。并不是同时打开文件越多,归并的速度就越快,用户要根据实际情况自己判断。

各 spill 是基于自身有序的,那么不同 spill 很大程度上会有相同的 key 值,所以如果用户设定了 combiner,那么在此处也会运行,用以压缩数据,其条件是归并路数必须大于某一个值(默认为 3,由参数 min. num. spills. for. combine 设定)。

其实为了使 map 后写入磁盘的数据更小,一般会采用压缩(并不是 combine)这一步骤,该步骤需要用户手动配置才能打开,覆盖参数 mapre-duce. map. output. compress 的值为 true 即可。

归并过程完成后,Mapper 端的任务就告一段落,这时 Mapper 会删除临时的 spill 文件,并通知 TaskTrack 任务已完成。这时,Reducer 就可以通过 HTTP 协议从 Mapper 端获取对应的数据。一般来说,一个 MapRe-duce 任务会有多个 Mapper,并且分配在不同的节点上,它们往往不会同时完成,但是只要有一个 Mapper 任务先完成,Reducer 端就会开始复制数据。

(2)Reducer 端的 shuffle

从 Mapper 端的归并任务完成开始,到 Reducer 端从各节点上 copy 数据并完成 copy 任务,均是由 MRApplicationMaster 调度完成。在 Reducer 取走所有数据之后,Mapper 端的输出数据并不会立即删除,因为 Reducer 任务可能会失败,并且推测执行(当某一个 Reducer 执行过慢影响整体进度时,会启动另一个相同的 Reducer)时也会利用这些数据。下面根据图 4-14 详细讲解 Reducer 端的 Shuffle 流程。

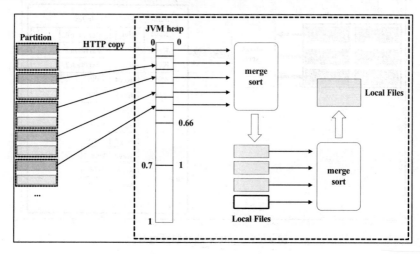

图 4-14　Reduce 端的 Shuffle

首先,Reducer 端会启用多个线程通过 HTTP 协议从 Mapper 端复制数据,线程数可由参数 mapreduce. reduce. shuffle. parallelcopies 设定,默认为 5。该值还是很重要的,因为如果 Mapper 产生的数据量很大,有时候会发现 map 任务早就 100％了,而 reduce 还一直在 1％、2％…。这时就要考虑适当增加复制的线程数,但过多增加线程数不推荐,容易造成网络拥堵,用户需要根据情况自己权衡。

Reducer 通过线程复制过来的数据不会直接写入磁盘,而是会存储在 WM 的堆内存 JVMheap)中,当堆内存的最大值确定以后,会通过两个阈值来决定 Reducer 占用的大小,该阈值由变量 mapreduce. reduce. shuffle. input. buffer. percent 决定,默认为 0.7,即 70％,通常情况下,该比例可以满足需要,不过考虑到大数据的情况,最好还是适当增加到 0.8 或 0.9。

内存中当然是无法无限写入数据的,所以当接收的数据达到一定指标时,则会对内存中的数据进行排序并写入本地磁盘,其处理方式和 Mapper 端的 spill 过程类似,只不过 Mapper 的 spill 进行的是简单二次排序,Reducer 端由于内存中是多个已排好序的数据源,所以采用的是归并排序(merge sort)。这里,涉及两个阈值,一个是 mapred. job. shuffle. merge. percent,默认值是 0.66,当接收的 Mapper 端的数据在 Reduce 缓存中的占比达到这一阈值时,启用后台线程进行 merge sort;另一个是 mapreduce. reduce. merge. inmem. threshold,默认值为 1000 个,当从 Mapper 端接收的文件个数达到这一个值时也进行 merge sort。从实际经验来看,第一个值明显小了,完全可以设置为 0.8~0.9;而第二个值则需根据 Mapper 的输出文件大小而定,如果 Mapper 输出的文件分区很大,缓存中基本存不了多少个,那 1000 显然是太大了,应当调小一些,如果 Mapper 输出的文件分区很小,对应轻量级的小文件,如 10KB~100KB 大小,这时可以把该值设置得大一些。

因为 Mapper 端的输出数据可能是经过压缩的,那么 Reducer 端接收该数据写入内存时会自动解压,方便后面的 merge sort 操作;并且如果用户设置了 combiner,在进行 merge sort 操作的时候也会调用。

内存总是有限的,如果 Mapper 产生的输出文件整体很大,每个 Reducer 端也被分配了足够大的数据,那么可能需要对内存经过很多次的 merge sort 之后才能接收完所有的 Mapper 数据,这时就会产生多个溢写的本地文件,如果这些本地文件的数量超过一定阈值(由 mapreduce. task. io. sort. factor 确定,默认为 10,该值也确定 Mapper 端对 spill 文件的归并路数,以后称归并因子),就需要把这些本地文件进行 merge sort(磁盘到磁盘模式),以减少文件的数量,有时候这项工作会重复多次。该操作并不是要把所有的数据归并为一个文件,而是当归并后的文件数量减少到归并因子以下或相同时就停止了,因为这时候剩下的所有文件可以在一起进行归并排序,输出结果直接传给 Reducer 处理,其效果和把所有文件归并为一个文件之后再传给 Reducer 处理的效果一样,但是减少了文件合并及再读取的过程,具有更高的效率。

有时候,数据接收完毕时,从内存进行 merge sort 得到的文件并不多,这时候会把这些文件和内存中的数据一起进行 merge sort,直接传给 Reducer 处理。

所以,从宏观来看,Reducer 的直接输入数据其实是 merge sort 的输出流,实际处理中,merge sort 对于每一个排序好的 key 值都调用一次 Reduce 函数,以此来实现数据的传递。

4. Reduce 过程

Reducer 接收<key,{value list}>形式的数据流,形成<key,value>形式的数据输出,输出数据直接写入 HDFS,具体的处理过程可由用户定义。在 WordCount 中,Reducer 会将相同 key 的 value list 进行累加,得到这个单词出现的总次数,然后输出,其处理过程如图 4-15 所示。

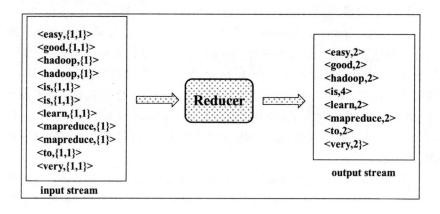

图 4-15　Reduce 过程

5. 文件写入(OutputFormat)

OutputFormat 描述数据的输出形式,并且会生成相应的类对象,调用相应 write()方法将数据写入到 HDFS 中,用户也可以修改这些方法实现想要的输出格式。在 Task 执行时,MapReduce 框架自动把 Reducer 生成的<key,value>传入 write 方法,write 方法实现文件的写入。在 Word-

Count 中，调用的是默认的文本写入方法，该方法把 Reducer 的输出数据按 [key\tvalue]的形式写入文件，如图 4-16 所示。

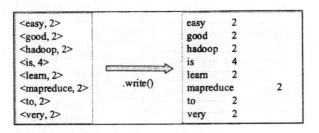

图 4-16　OutputFormat 处理

　　下面以统计一个大文档集合中每个词出现的频次数为例，逐步讲解采用 MapReduce 求解该问题的具体执行步骤。

　　假如待处理的文档和最终结果如图 4-17 所示。

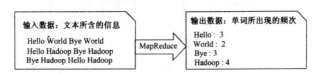

图 4-17　单词计数

　　步骤一，由 MapReduce 运行框架自动对输入文本进行分割，把文件中的文本内容分成如图 4-18 所示的三组。

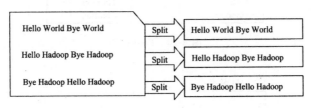

图 4-18　文件分割过程

　　步骤二，在文件分割完成之后，使用用户编写的 Map 函数对每一对<key,value>进行处理，执行完成后输出中间结果<key,value>对，如图 4-19 所示。

　　步骤三，在 Map 输出中间结果后，MapReduce 运行框架自动对中间结果进行聚合、排序（Fold）等操作，如图 4-20 所示。

　　步骤四，执行用户定义的 Reduce 函数完成最终的归约操作，统计出每个单词出现的次数，如图 4-21 所示。

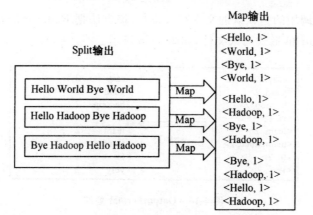

图 4-19　Map 阶段

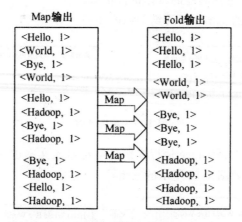

图 4-20　Fold 过程

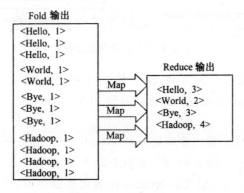

图 4-21　Reduce 过程

4.3 MapReduce 核心技术分析

4.3.1 Master 数据结构

Master 持有一些数据结构,它存储每个 Map 和 Reduce 任务的状态,如空闲、工作中或完成,以及 Worker 节点的标识。

Master 就像一个数据管道,中间文件存储区域的位置信息通过这个管道从 Map 传递到 Reduce。因此,对于每个已经完成的 Map 任务,Master 存储了 Map 任务产生的中间文件存储区域的大小和位置。当 Map 任务完成时,Master 接收到位置和大小的更新信息,这些信息被逐步递增地推送给那些正在工作的 Reduce 任务。

4.3.2 容错机制

对于大数据处理而言,其数据规模、参与节点数量、并行计算调度与协调的复杂性等都是前所未有的,为了避免数据遭到破坏后对支撑业务产生无法挽回的后果,则必须提高整个系统集群的容错性。良好的容错技术不但能够提高系统的可用性和可靠性,而且能够提高数据的访问效率。数据容错技术一般都是通过增加数据冗余来实现的,即采用数据复制技术增加数据副本,保证即使在部分数据失效以后也能够通过访问冗余数据满足需求。与此同时,带来的问题可能有:①数据复制带来的大量空间被占用的问题,但由于云计算分布式环境下高度的可扩展性,尽管这一问题可通过增加物理节点来解决,但也要考虑到成本和存储资源利用率的问题;②多副本数据之间的一致性问题,为此,Google 提出了 Chubby 锁策略,对应的 Hadoop 的 Zookeeper 都是为了解决数据一致性和分布式协调的问题。

由于 MapReduce 设计初衷是使用由成千上万台普通计算机组成的集群来处理超大规模的数据,所以容错机制是不可或缺的。

1. Master 节点失效

让 Master 定期将 Master 数据结构写入磁盘,即周期性地设置检查点 (Checkpoint)。如果某个 Master 任务失效,就可以从最近有效的检查点恢复数据并启动另一个 Master 进程,避免从头开始执行作业的时间浪费。

由于系统只有一个 Master 在运行,如果 Master 失效,则需要终止整个

MapReduce 程序的运行,并可以根据需要重新执行 MapReduce 操作。

2. Worker 节点失效

与 Master 节点失效相比,工作节点失效是很常见的。Master 会周期性对每个 Worker 节点发送 ping 命令(判断网络故障常用的命令)。如果在一定时间内没有收到 Worker 节点返回的响应信息,Master 则认为这个 Worker 节点已经失效。Master 会把分配给这个 Worker 节点的所有 Map 任务都重新设置成初始空闲状态,之后这些任务就可以被分配给其他 Worker。同时,将正在这个失败的 Worker 节点上运行的 Map 或 Reduce 任务重新置为空闲状态,等待 Master 重新将它们分配给其他 Worker 节点,并重新执行。

Map 任务输出的中间结果是存储在本地节点上的,对于在失效节点上已经执行完成的 Map 任务,它们所产生的中间结果是无法访问的,因此它们也需要重新执行,而已经完成的 Reduce 任务的输出结果是存储在全局文件系统中的,所以已经执行完成的 Reduce 任务不必再重新执行。

例如,当一个 Map 任务首先被 Worker A 节点执行,之后由于 Worker A 节点失效了又被调度到 Worker B 节点上重新执行,Master 会把这一情况通知给所有执行 Reduce 任务的节点,使得原来那些要从 Worker A 节点上读取 Map 任务结果的 Reduce 任务将从 Worker B 节点上读取数据。

4.3.3　备用任务机制

在 MapReduce 运算过程中,常常会出现个别任务执行时间很长的情况,这些任务被称为"落伍者",它们总是最后才被执行完,这严重延长了 MapReduce 应用程序总的执行时间。

出现"落伍者"任务的原因有很多,比如一个 Worker 节点的硬盘出了问题,在读取的时候要经常地进行读取纠错操作,导致读取数据的速度大幅下降。再如集群中的一个节点宕机,MapReduce 需要在另一台计算机上重新执行任务。

针对上述情况的解决方案是,当一个 MapReduce 操作临近结束的时候,Master 启动多个备用任务(Backup Task)进程来执行尚未完成的任务。无论最初的执行进程,还是备用任务进程完成了的任务,系统都把这个任务标记为已经完成,即谁先完成,就算谁。这种通过备用任务来减少"落伍者"任务改进系统性能的机制,可以显著地提高大型 MapReduce 操作的执行效率。

备用任务机制推测执行不是没有代价的,它通常会占用比正常操作多的计算资源,选择哪个节点来执行备用任务也是需要进行决策的。

4.3.4　本地处理策略

MapReduce 会将每个输入数据分割成大小为 $16 \sim 64$ MB 的多个数据文件块。为了确保数据的可用性,GFS 通常会在系统中为每个数据文件块存放多份副本(通常是 3 个副本),并保存在多个节点上。

Master 在调度 Map 任务时会考虑输入数据文件的位置信息,尽量将一个 Map 任务调度在包含相关输入数据副本所在计算机或所在机架上的计算机上执行。如果上述努力失败,Master 将尝试在保存有输入数据副本的计算机附近的计算机上执行 Map 任务。当在一个足够大的集群上运行 MapReduce 操作时,如果绝大部分计算机都能从本地获取到将处理的输入数据,则可以节省大量的网络带宽资源。

4.4　MapReduce 的应用实践

MapReduce 的编程模型不同于大多数编程模型,它是一种用于大规模数据集(大于 1TB)的并行运算的编程模型。其概念 Map(映射)和 Reduce(化简),及它们的主要思想,都是从函数式编程语言里借来的,还有从矢量编程语言里借来的特性。它极大地方便了编程人员在不会分布式并行编程的情况下,将自己的程序在分布式系统上运行。当前的软件实现是指定一个 Map(映射)函数,用来把一组键值对映射成一组新的键值对;指定并发的 Reduce(化简)函数,用来保证所有映射的键值对中的每一个共享相同的键组。

MapReduce 采用"分而治之"的思想,把对大规模数据集的操作,分发给一个主节点管理下的各分节点共同完成,接着通过整合各分节点的中间结果,得到最终的结果。简单来说,MapReduce 就是"任务的分散与结果的汇总"。

下面通过一个简单的例子来讲解 MapReduce 的基本原理。

4.4.1　任务的描述

来自江苏、浙江、湖北三个省的 9 所高校联合举行了一场编程大赛,每个省有 3 所高校参加,每所高校各派 5 名队员参赛,各所高校的比赛平均成绩如表 4-1 所示。还可以用＜高校名称：{所属省份,平均分数}＞的形式表示成绩,具体详见表 4-1。

表 4-1 比赛成绩

	江苏省		浙江省		湖北省	
原始比赛成绩	南京大学	90	浙江大学	95	武汉大学	92
	东南大学	93	浙江工业大学	84	华中科技大学	85
	河海大学	84	宁波大学	88	武汉理工大学	87
增加属性信息后的比赛成绩	南京大学：{江苏省,90}		东南大学：{江苏省,93}		河海大学：{江苏省,84}	
	浙江大学：{浙江省,95}		浙江工业大学：{浙江省,84}		宁波大学：{浙江省,88}	
	武汉大学：{湖北省,92}		华中科技大学：{湖北省,85}		武汉理工大学：{湖北省,87}	

统计各个省份高校的平均分数时,可以把并不是特别重要的高校的名称省略掉,然后对各个省份的高校的成绩进行汇总,求平均,如表 4-2 所示。

表 4-2 略去高校名称后的比赛成绩

略去高校名称后的比赛成绩	江苏省,90	江苏省,93	江苏省,84
	浙江省,95	浙江省,84	浙江省,88
	湖北省,92	湖北省,85	湖北省,87
各省比赛成绩汇总	江苏省,90、93、84	浙江省,95、84、88	湖北省,92、85、87
各省平均成绩	江苏省,89	浙江省,89	湖北省,88

以上为计算各省平均成绩的主要步骤,可以用 MapReduce 来实现,其详细步骤如下。

4.4.2 任务的 MapReduce 实现

MapReduce 包含 Map、Shuffle 和 Reduce 三个步骤,其中 Shume 由 Hadoop 自动完成,Hadoop 的使用者可以无须了解并行程序的底层实现,只需关注 Map 和 Reduce 的实现。

(1)Map Input:＜高校名称,{所属省份,平均分数}＞

在 Map 部分,需要输入＜key,value＞数据,这里 key 是高校的名称,

value 是属性值,即所属省份和平均分数,如表 4-3 所示。

表 4-3　Map Input 数据

key:南京大学 value:{江苏省,90}	key:东南大学 value:{江苏省,93}	key:河海大学 value:{江苏省,84}
key:浙江大学 value:{浙江省,95}	key:浙江工业大学 value:{浙江省,84}	key:宁波大学 value:{浙江省,88}
key:武汉大学 value:{湖北省,92}	key:华中科技大学 value:{湖北省,85}	key:武汉理工大学 value:{湖北省,87}

(2)Map Output:<所属省份,平均分数>

对所属省份平均分数进行重分组,去除高校名称,将所属省份变为 key,平均分数变为 value,如表 4-4 所示。

表 4-4　Map Output 数据

key:江苏省 value:90	key:江苏省 value:93	key:江苏省 value:84
key:浙江省 value:95	key:浙江省 value:84	key:浙江省 value:88
key:湖北省 value:92	key:湖北省 value:85	key:湖北省 value:87

(3)Shuffle Output:<所属省份,list(平均分数)>

Shuffle 由 Hadoop 自动完成,其任务是实现 Map,对 key 进行分组,用户可以获得 value 的列表,即 list<value>,如表 4-5 所示。

表 4-5　Shuffle Output 数据

key:江苏省 list<value>:90、93、84	key:浙江省 list<value>:95、84、88	key:湖北省 list<value>:92、85、87

(4)Reduce Input:<所属省份,list(平均分数)>

表 4-8 中的内容将作为 Reduce 任务的输入数据,即从 Shuffle 任务中获得的(key,list<value>)。

(5)Reduce Output:<所属省份,平均分数>

Reduce 任务的功能是完成用户的计算逻辑,这里的任务是计算每个省份的高校学生的比赛平均成绩,获得的最终结果如表 4-9 所示。

表 4-6　**Reduce Output 数据**

江苏省,89	浙江省,89	湖北省,88

小　　结

本章主要对 Google 系统和 Hadoop 系统中的一项核心技术——MapReduce 进行了介绍,包括 MapReduce 的引入、系统架构、特点、编程模型、核心技术、应用。

MapReduce 处理过程被 MapReduce 高度地抽象为两个函数:Map 和 Reduce,Reduce 负责把任务分解成多个任务,Reduce 负责把分解后多任务处理的结果汇总起来。至于在并行编程中的其他种种复杂问题,如分布式存储、工作调度、负载均衡、容错处理、网络通信等,均由 MapReduce 框架负责处理,可以不用程序员烦心。值得注意的是,用 MapReduce 来处理的数据集(或任务)必须具备这样的特点:待处理的数据集可以分解成许多小的数据集,且每一小数据集都可以完全并行地进行处理。

第 5 章　Hadoop 技术

众所周知,当今社会信息科技飞速发展,这些信息中又积累着大量数据,人们若要对这些数据进行分析处理,以获取更多有价值的信息,可以选择 Hadoop 系统。Hadoop 是一种实现云存储和云计算的方法,一些大厂商的数据仓库产品也正在加强与 Hadoop 之间的联动。

Hadoop 是一个分布式计算框架,它能在由大量廉价的硬件设备组成的集群上运行应用程序,并且为应用程序提供一组既稳定又可靠的接口。Hadoop 计算框架的目的是构建一个具有高可靠性和良好扩展性的分布式操作系统。随着云计算的逐渐流行,这一项目被越来越多的个人和企业运用。

特别是处理大数据时代的非结构化数据时,Hadoop 在性能和成本方面都具有优势,而且通过横向扩展进行扩容也相对容易,因此备受关注。Hadoop 是最受欢迎的在因特网上对搜索关键字进行内容分类的工具,但它也可以解决许多要求极大伸缩性的问题。

5.1　集群上的 MapReduce 实现——Hadoop

Hadoop 是由 Apache 软件基金会研发的一种开源、高可靠性、伸缩性强的分布式计算系统,主要用于对大于 1TB 的海量数据的处理。Hadoop 采用 Java 语言开发,是对 Google 的 MapReduce 核心技术的开源实现。目前 Hadoop 的核心模块包括系统分布式文件系统(Hadoop Distributed File System,Hadoop HDFS)和分布式计算框架 MapReduce,这一结构实现了计算和存储的高度耦合,十分有利于面向数据的系统架构,因此已成为大数据技术领域的事实标准。Hadoop 图标见图 5-1。

图 5-1　Hadoop 图标

Hadoop 在对海量非结构化数据的批处理上能够发挥巨大的作用,但同时也不能忘记它还是一种处于发展阶段的技术。为了弥补开源版 Hadoop 的弱点,以 Cloudera 为中心,再加上 MapR、Hortonworks 等公司一起推出了多个 Hadoop 发行版。

进行 Hadoop 设计时有几点假设,如图 5-2 所示。

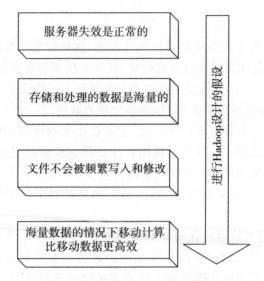

图 5-2　进行 Hadoop 设计的假设

5.1.1　Hadoop 的由来

Hadoop 的基础是美国 Google 公司于 2004 年发表的一篇关于大规模数据分布式处理的题为"MapReduce:大集群上的简单数据处理"的论文。

Hadoop 由 Apache Software Foundation 公司于 2005 年秋天作为 Lucene 的子项目 Nutch 的一部分正式引入。它受到最先由 Google Lab 开发的 Map/Reduce 和 Google File System(GFS)的启发。

MapReduce 指的是一种分布式处理的方法,而 Hadoop 则是将 MapReduce 通过开源方式进行实现的框架(Framework)的名称。造成这个局面的原因在于,Google 在论文中仅公开了处理方法,而并没有公开程序本身。也就是说,提到 MapReduce,指的只是一种处理方法,而对其实现的形式并非只有 Hadoop 一种。反过来说,提到 Hadoop,则指的是一种基于 Apache 授权协议,以开源形式发布的软件程序。

Hadoop 原本是由三大部分组成的,即用于分布式存储大容量文件的

HDFS(Hadoop Distributed File System)分布式文件系统,用于对大量数据进行高效分布式处理的 Hadoop MapReduce 框架,以及超大型数据表HBase。这些部分与 Google 的基础技术相对应,如图 5-3 所示。

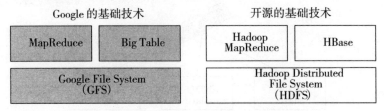

图 5-3　Google 与开源基础技术的对应关系

从数据处理的角度来看,Hadoop MapReduce 是其中最重要的部分。Hadoop MapReduce 并非用于配备高性能 CPU 和磁盘的计算机,而是一种工作在由多台通用型计算机组成的集群上的,对大规模数据进行分布式处理的框架。

在 Hadoop 中,是将应用程序细分为在集群中任意节点上都可执行的成百上千个工作负载,并分配给多个节点来执行。然后,通过对各节点瞬间返回的信息进行重组,得出最终的结果。虽然存在其他功能类似的程序,但Hadoop 依靠其处理的高速性脱颖而出。

对于 Hadoop 的运用,最早开始的是雅虎、Facebook、Twitter、AOL 和Netflix 等网络公司。然而现在,其应用领域已经突破了行业的界限,如摩根大通、美国银行和 VISA 等金融公司,以及三星、GE 等制造业公司,沃尔玛等零售业公司,甚至是中国移动等通信业公司。

与此同时,最早由 HDFS、Hadoop MapReduce 和 HBase 这 3 个组件所组成的软件架构,现在也衍生出了多个子项目,其范围也随之逐步扩大。

5.1.2　Hadoop 的核心设计

Hadoop 框架最核心的设计就是:HDFS 和 MapReduce。HDFS 为海量的数据提供了存储,MapReduce 为海量的数据提供了计算,即 Hadoop实现了 HDFS 文件系统和 MapReduce 计算框架,使 Hadoop 成为一个分布式的计算平台。用户只要分别实现 Map 和 Reduce,并注册 Job 即可自动分布式运行。因此,Hadoop 并不仅仅是一个用于存储的分布式文件系统,而且是用于由通过计算设备组成的大型集群上执行分布式应用的框架。实际上,狭义的 Hadoop 就是指 HDFS 和 MapReduce,是一种典型的 Master-Slave 架构,如图 5-4 所示。

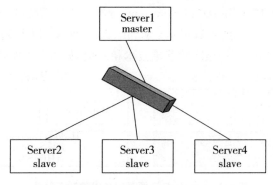

图 5-4　**Hadoop 基本架构**

5.1.3　Hadoop 的优势

下面列举 Hadoop 的主要优势：

(1)扩容能力(Scalable)

能可靠地(Reliably)存储和处理千兆字节(PB)数据。

(2)成本低(Economical)

可以通过普通机器组成的服务器群来分发及处理数据。这些服务器群总计可达数千个节点。

(3)高效率(Efficient)

通过分发数据，Hadoop 可以在数据所在的节点上并行地(Parallel)处理它们，这使得处理非常快速。

(4)可靠性(Reliable)

Hadoop 能自动维护数据的多份复制，并且在任务失败后能自动重新部署(Redeploy)计算任务。

Hadoop 的方便和简单让其在编写和运行大型分布式程序方面占尽优势。即使是在校的大学生也可以快速、廉价地建立自己的 Hadoop 集群；另一方面，它的健壮性和可扩展性又使它能胜任雅虎和 Facebook 应用领域的高要求任务。因此，Hadoop 近年来在学术界和商业领域大受欢迎。

5.1.4　Hadoop 的发行版本

目前，Hadoop 软件仍然在不断引入先进的功能，处于持续开发的过程中。因此，如果想要享受其先进性所带来的新功能和性能提升等好处，在公司内部就需要具备相应的技术实力。对于拥有众多先进技术人员的一部分大型系统集成公司和惯于使用开源软件的互联网公司来说,应该可以满足这样的条件。

　　相对地,对于一般企业来说,要运用 Hadoop 这样的开源软件,还存在比较高的门槛。企业对于软件的要求,不仅在于其高性能,还包括可靠性、稳定性和安全性等因素。然而,Hadoop 是可以免费获取的软件,一般公司在搭建集群环境时,需要自行对上述因素做出担保,难度确实很大。

　　于是,为了解决这个问题,Hadoop 也推出了发行版本。所谓发行版本(Distribution),和同为开源软件的 Linux 的情况类似,是一种为改善开源社区所开发的软件的易用性而提供的一种软件包服务(见图 5-5),软件包中通常包括安装工具,以及捆绑事先验证过的一些周边软件。

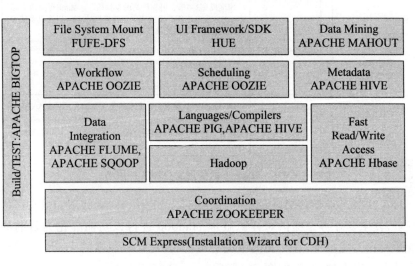

图 5-5　Cloudera 公司的 Hadoop 发行版

　　最先开始提供 Hadoop 商用发行版的是 Cloudera 公司。那是在 2008年,当时 Hadoop 之父 Doug Cutting 还任职于 Cloudera(后来担任 Apache 软件基金会主席)。如今,Cloudera 已经成为名副其实的 Hadoop 商用发行版头牌厂商,如果拿 Linux 发行版来类比的话,应该是相当于 Red Hat 的地位。借助先发制人的优势,Cloudera 与 NetUP、戴尔等硬件厂商积极开展密切合作,通过在他们的存储设备和服务器上预装 Cloudera 的 Hadoop 发行版来扩大自己的势力范围。

　　此后很长一段时间内,都没有出现能够和 Cloudera 形成竞争的商用发行版厂商,直至 2010 年以后,形势才发生了改变。2010 年 5 月,IBM 发布了基于 IBM Hadoop 发行版的数据分析平台 IBM InfoSphere BigInsights,以此为契机,在进入 2011 年之后,这一领域的竞争迅速变得激烈起来。

目前 Hadoop 商用发行版还包括 DataStax 公司的 Brisk，它采用 Cassandra 代替 HDFS 和 HBase 作为存储模块；美国 MapR Technologies 公司的 MapR，它对 HDFS 进行了改良，实现了比开源版本 Hadoop 更高的性能和可靠性；还有从雅虎公司中独立出来的 Hortonworks 公司等，如图 5-6 所示。

	Cloudera/CDH	Cloudera/CDH:最早提出的Hadoop商用发行版，开发了简化Hadoop集群维护工作的集成管理工具，以及一站式Hadoop自动化安装工具。客户包括Groupon、RackSpace、ComScore、三星和LinkedIn等。
（弥补Apache Hadoop不足和缺点的发行版）	IBM/InforSphere BigInsights	IBM/InforSphereBigInsights：在IBM版ApacheHadoop发行版的基础上，加入了GUIBigSheets、用于JSON数据的查询语言Jaql、文本分析引擎SystemT、工作流引擎Orchestrator，以及与DB2的协作功能。
	MapR/M3、M5	MapR/M3、M5：通过改良HDFS，宣称和ApacheHadoop相比"速度提高2~5倍，可靠性高的发行版"。MapR提供两个版本：Facebook内部开发的代码免费提供的M3，以及具备镜像、快照等功能，面向关键领域用途的M5。
（使用Cassandra的发行版）	DataStax/Brisk	DataStax/Brisk：采用Cassandra代替HDFS和Hbase作为储存模块的发行版。作为与HDFS兼容的储存层，在CassandraFS上集成了MapReduce、Hive、工作跟踪和任务跟踪功能，并可以使用Cassandra实时功能。
（对开源版本的功能强化和支持服务）	Hortonworks	Hortonworks：从雅虎独立出来的公司。该公司拥有ApacheHadoop主要的架构师和软件工程师，目的是促进ApacheHadoop的普及，提供的服务包括订阅制的支持服务、培训和配置程序等。2011年10月，宣布与微软公司建立合作关系。

图 5-6　Hadoop 的商用发行版支持服务

在这些对手中，尤其值得一提的是 Hortonworks，它并不提供自己的发行版，其主要业务是提供对开源版本 Hadoop 进行以功能强化为目的的后续开发和支持服务，它和美国雅虎公司一起，对开源版本的 Hadoop 代码开发做出了很大的贡献，如图 5-7 所示。

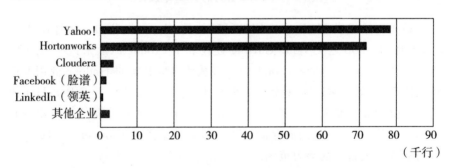

图 5-7　主要厂商对 Apache Hadoop 贡献的代码行数

实际上，2011 年 10 月，微软宣布与 Hortonworks 联手进行 Windows Server 版和 Windows Azure 版 Hadoop 的开发，而微软曾独自进行开发的

Windows 上类似 Hadoop 的 Dryad 项目则同时宣布终止,表明微软将集中力量投入 Hadoop 的开发工作中。由于这表示微软默认了 Hadoop 作为大规模数据处理框架实质性标准的地位,因此引发了很大的反响。而在如此大幅度的方针转变中,微软选择了 Hortonworks 作为其合作伙伴。

5.1.5　发行版本众多的原因

之所以市面上会有如此众多的发行版,都是为了弥补开源版 Hadoop 中存在的一些问题。具体来说,包括管理 HDFS 内文件访问的 NameNode、对 Hadoop 应用程序的运行进行集中控制的 Job Tracker 的可用性(单一故障点),以及可扩缩性等几个方面。

例如,DataStax 的 Brisk 用 Cassandra 的文件系统 CassandraFS 代替了 HDFS,以便规避 HDFS 的主/从结构。同样地,MapR 则可以将 Hadoop 集群挂载为单一 NFS 卷的 Direct Access NFS 来代替 HDFS,并且通过对 NameNode 的分布化和 Job Tracker 的冗余化,改善整个系统的容错性。当然,开源版 Hadoop 也会发布新版本,以解决其自身的问题。

基本上,各家厂商都不会开发与开源版 Hedoop 完全不兼容的 Hadoop 版本,而是会通过对代码开发的贡献,继续保持与开源社区之间的合作关系。

5.2　对 Hadoop 技术的深入了解

5.2.1　Hadoop 的体系结构

Hadoop 的体系结构包含了 HDFS 体系结构和 MapReduce 体系结构。下面对这两种体系结构进行简要介绍。

1. HDFS 体系结构

HDFS 采用了主从(Master/Slave)结构模型,一个 HDFS 集群是由一个 NameNode 和若干个 DataNode 组成的。HDFS 的体系结构如图 5-8 所示。

HDFS 的好处在于,它支持冗余备份数据,默认情况下,数据会被分成 64MB 的数据块,这些数据块会被复制到多台 DataNode 上。此外 HDFS 支持机架感知技术。具体来说就是用户将机架与主机信息通过脚本的形式提供给 Hadoop,Hadoop 再把数据在不同机架上进行冗余,这就保证了当一个机架出现故障后,HDFS 依然可以正常访问数据。

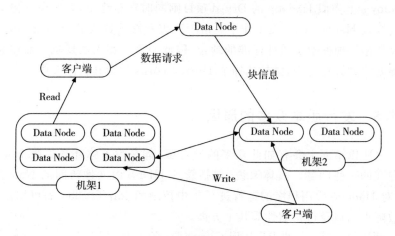

图 5-8　HDFS 体系结构

　　分布式文件系统（HDFS）是 Hadoop 的储存系统，从用户角度看，和其他的文件系统没有什么区别，都具有创建文件、删除文件、移动文件和重命名文件等功能。MapReduce 是一个分布式计算框架，是 Hadoop 的一个基础组件，分为 Map 和 Reduce 过程，是一种将大任务细分处理再汇总结果的一种方法。

　　HDFS 中的数据具有"一次写，多次读"的特征，即保证一个文件在一个时刻只能被一个调用者执行写操作，但可以被多个调用者执行读操作。HDFS 是以流式数据访问模式来存储超大文件，运行于商用硬件集群上。HDFS 具有高容错性，可以部署在低廉的硬件上，提供了对数据读写的高吞吐率。非常适合具有超大数据集的应用程序。HDFS 为分布式计算存储提供了底层支持，HDFS 与 MapReduce 框架紧密结合，是完成分布式并行数据处理的典型案例。

2. MapReduce 体系结构

　　MapReduce 是一种为多台计算机并行处理大量数据而设计的并行计算框架。MapReduce 的主要吸引力在于：它支持使用廉价的计算机集群对规模达到 PB 级的数据集进行分布式并行计算，是一种编程模型。它由 Map 函数和 Reduce 函数构成，分别完成任务的分解与结果的汇总。MapReduce 的用途是进行批量处理，而不是进行实时查询，即特别不适用于交互式应用。它极大地方便了编程人员在不会分布式并行编程的情况下，将自己的程序运行在分布式系统上。MapReduce 的体系结构如图 5-9 所示。

　　MapReduce 是用于并行数据处理的一种高效的编程模型。模型思想很简单，它将计算分解为 Map 和 Reduce 两个阶段，并将不同的计算任务并行分布到多节点完成,每一个 Map 计算在任务节点执行,并负责处理不同的数据片段,多个 Map 节点输出 Key/Value 结果集合,经过中间处理后,交给 Reduce 计算任务透行合并处理并生成新的 Key/Value 输出作为新的最终结果。具体的计算任务是由 TaskTracker 组成的集群各物理节点完成的,而 JobTracker 负责对整个集群资源的管理监控、作业拆分分配和任务管理等工作。

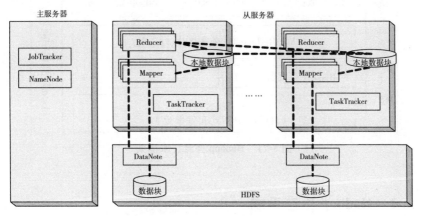

图 5-9　MapReduce 体系结构

如图 5-10 所示的 MapReduce 数据流图,体现了 MapReduce 处理大数据集的过程。

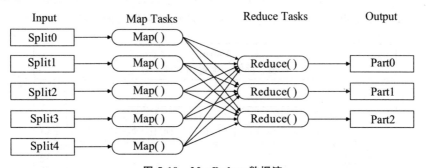

图 5-10　MapReduce 数据流

MapReduce 计算模型非常适合在大量计算机组成的大规模集群上并行运行。图 5-10 中的每一个 Map 任务和每一个 Reduce 任务均可以同时运行于一个单独的计算节点上,可想而知其运算效率是很高的。因此,接下来将了解其并行计算的原理。

图 5-11 显示了 Hadoop 开源技术框架包含的主要基础设施和组件,HDFS 和 MapReduce 作为 Hadoop 技术的核心,前者提供了类似于 Google

GFS 的底层分布式文件系统,为用户提供具有高伸缩性和高容错性的底层分布式存储,后者作为 Google MapReduce 开源实现,为用户提供逻辑简单、底层透明的并行处理框架。

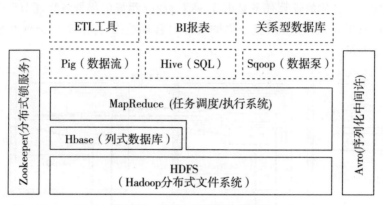

图 5-11　Hadoop 开源技术框架

5.2.2　Hadoop 生态系统

现代社会中,Hadoop 已经成为一个庞大的体系,只要和海量数据相关的领域就会有 Hadoop 的身影。Hadoop 的核心是 HDFS 和 MapReduce。Hadoop 的生态系统如图 5-12 所示。此生态系统提供了互补性服务或在核心层上提供了更高层的服务,使 Hadoop 的应用更加方便快捷。

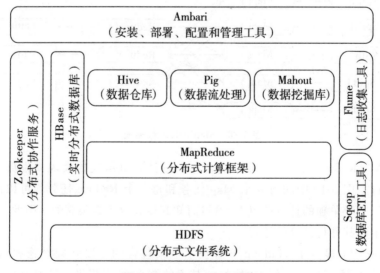

图 5-12　Hadoop 生态系统

5.2.3　HBase 数据存储技术

HBase 底层基于 Hadoop HDFS 分布式文件系统，其技术来源于 Google 云计算的 Bigtable 数据库，既可以直接使用本地文件系统，也可以基于 Hadoop 的 HDFS 文件系统实现分布式数据库，在此基础上可与 MapReduce 集成实现并发的海量数据处理能力，并由 Hadoop Zookeeper 执行任务协同，从而构建起一个高可靠性、高性能、面向列、可伸缩的分布式存储系统。

与 Google Bigtable 相同，HBase 采用的也是基于列式存储的数据模型，以类似于表的形式存储数据，表中包含行、列族、列、时间维，每一个列族下可划分为任意列，表中数据根据时间维的不同可存储多个版本。尽管从逻辑上看，HBase 是由很多行、很多列族组成的大表，但在物理存储中，表是按照列族存储的，例如，表 5-1 包含了行数据 row1，两个列族 CF1 和 CF2 都分别包含了 C1、C2 和 C3、C4 两个列，但在物理存储上，会呈现出表 5-2 的形式。

表 5-1　HBase 概念结构

行键	时间戳	C-Familyl(CF1)		Column-Family2(CF2)	
		CF1:C1	CF2:C2	CF2:C3	CF2:C4
row1	t7	A1	Content1		
	t6	A2	Content2		
	t5	A3	Content3		
	t4			B1	Content4
	t3			B2	Content5

表 5-2　HBase 概念结构

行键	时间戳	C-Family1(CF1)	
		CF1:C1	CF2:C2
row1	t7	A1	Content1
	t6	A2	Content2
	t5	A3	Content3

行键	时间戳	Column-Family2(CF2)	
		CF2:C3	CF2:C3
row1	t4	B1	Content4
	t3	B2	Content5

　　HBase 在行的方向上可以动态分区,形成多个 Region,每个 Region 包含了一定范围内的数据(根据行键划分)。同时,Region 也是 HBase 进行分布式存储和负载均衡的最小单位。这意味着一个表的所有 Region 会分布在不同的物理机(即 Region 服务器)上,但一个 Region 内的数据只可能存储在同一台 Region 服务器上。初始状态下,HBase 只有一个 Region,而随着数据量的增加超过某个阈值时,就会被切分成两个、多个 Region。这与 Biable 被划分为多个 Tablet 子表,并物理存储在多个 Tablet 服务器上的原理是相同的,只是 HBase 中用于具体存储数据的服务器节点被称为 Region 服务器。

5.2.4　Hive 数据仓库技术

　　Hive 是建立在 Hadoop 上的数据仓库基础构架。它定义了一种简单的类 SQL 查询操作语言,称为 HiveQL,此外,当采用 HiveQL 内部的 MapReduce 算法难以实现需求时,还支持使用用户自定义的 Map 和 Reduce 程序完成更加复杂的任务。

　　1. Hive 架构

　　Hive 架构可以分为以下几部分,如图 5-13 所示。
　　(1)用户接口
　　Hive 支持包括命令行接口(Command-Line Interface,CLI)、Client、Web 界面(Web User Interface,WUI)在内的多种交互接口,其中最常用的是 CLI。
　　(2)元数据存储
　　Hive 将元数据通常存储在关系数据库,如 MySql、Derby 中。Hive 中的元数据包括表的名字、表的列和分区及其属性,表属性(是否为外部表等)、表数据所在目录等。
　　(3)驱动器
　　包括解释器、编译器、优化器、执行器。其中,解释器、编译器、优化器完成 HiveQL 查询语句的词法分析、语法分析、编译、优化及查询计划的生成。
　　(4)Hadoop
　　Hive 的数据存储在 HDFS 中,大部分的查询由 MapReduce 完成(包含 * 的查询,比如 select * from tbl 不会生成 MapRedcue 任务)。

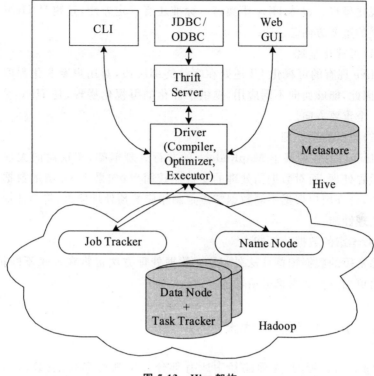

图 5-13　Hive 架构

2. Hive 特性分析

①专用的类 SQL 语言 HiveQL 使熟悉数据库开发的用户可以很方便地使用。

②面向基于 HDFS 分布式文件系统存储的数据分析和处理。

③Hive 并没有专有的数据格式，数据格式可以由用户指定，不存在二者之间的格式转换，提高了数据加载的效率。

④针对数据仓库应用，Hive 不支持对数据的改写和添加，所有数据在加载时已确定。

⑤集成 MapRecude，Hive 支持对大规模数据的并行访问和查询。

⑥Hive 无索引和 MapReduce 框架本身的延迟处理特点，导致 Hive 查询与关系型数据库的实时处理性能相比，会有较高的延迟。

⑦Hive 建立在 Hadoop 之上，具有较高的可扩展性。

3. HiveQL 发展方向

一个完整的数据处理系统需要具备三个方面的能力：数据的统计、优化和可视化呈现。显然 Hive 距离这一标准还有一定差距,这也是 Hive 在未来发展的重要方向。

(1)可视化呈现

Hive 现有的可视化 UI 还处在字符终端阶段,对用户专业化程度要求较高,因此,能够面向不同应用,提供个性化的可视化展现,是 Hive 进行扩展的一个重要方向。

(2)数据的预处理

Hive 目前强调基于 MapReduce 的并行处理框架,实现面向大规模数据的后置处理,而对数据预处理的支持比较简单;如果 Hive 增加数据预处理功能,允许用户根据不同数据特点定制相应的预处理能力,将整体提高数据的处理性能。

(3)丰富的数据分析能力

除常用的数据挖掘算法外,Hive 数据处理方法也将在未来不断扩展,体现出更加强大的数据分析功能。

5.2.5 Pig 数据处理技术

Pig 是可扩展的,处理路径中所有部分几乎都可定制:装载、存储、过滤、分组、排序和连接都可以通过用户自定义函数(UDF)来完成。这些功能在 Pig 的内嵌数据模型上工作,同时支持实现 UDF 的重用。

然而,Pig 并不适合所有的数据处理任务,其优势在于对数据做批处理。但如果需要在庞大的数据集中对一小部分数据进行查询,由于 Pig 操作会扫描整个或很大一部分数据集,因此,它并不适用于类似的数据操作。

1. Pig 执行类型

Pig 有两种执行类型:本地模式和 Hadoop 模式。

(1)本地模式

Pig 在一个单一的 JVM 上运行并访问本地文件系统,只适合小数据集或测试使用。本地模式并不采用 Hadoop 的本地作业执行器,而是将翻译语句转换成实际计划自己去执行。

(2)Hadoop 模式

Hadoop 模式是一种 Pig 在大数据集上运行的模式。运行过程中,Pig 将查询转化成 MapReduce 作业,并在 Hadoop 集群上运行。采用这种指向模式,需要向 Pig 明确 Hadoop 版本及集群运行的地点,包括该集群的名称节点和需连接到的任务追踪器(Job Tracker)。

2. Pig 程序运行

无论采用本地执行或是 Hadoop 执行模式,Pig 程序都支持三种运行方式。

(1)Script

可以运行一个包含 Pig 命令的脚本。例如 Pig script. pig 表示在本地文件 script. pig 上运行命令。此外,对于较短的脚本,可以使用-e 在命令行运行指定为字符串类型的脚本。

(2)Grunt

可以通过一个交互式 Shell 运行 Pig 命令。当 Pig 没有指定文件运行或-e 选项不使用时,Grunt 会启动。在 Grunt 中也可以运行或执行 Pig 脚本。

(3)Embedded

可以在 Java 中运行 Pig 程序,类似于在 Java 中使用 JDBC 运行 SQL 一样。

3. Pig Latin 程序

Pig Latin 程序由一系列操作或者转换组成,用于将输入数据生成输出。总体上看,这些操作描述了一个数据流,Pig 执行环境将这个数据流转化成可执行的语句然后运行。实际上,Pig 将其转换成一系列的 MapReduce 作业,但这种相对抽象的处理方式使开发者能够专注于数据而不是执行的本质。

Pig Latin 是一个相对简单的语言,它可以执行语句。用 Pig Latin 编写的脚本往往遵循以下特定格式:从文件系统读取数据,对数据执行一系列操作(以一种或多种方式转换它),然后,将由此产生的关系写回文件系统。

Pig 拥有大量的数据类型,不仅支持包(即关系,与表类似)、元组和映射等高级概念,还支持简单的数据类型,如 int、long、float、double、chararray 和 bytemTay 等。同时,对于简单数据类型来说,还支持许多算术运算符(比如 add、subtract、multiply、divide 和 module)计算,并且有一套完整的比较运算符,包括使用正则表达式的丰富匹配模式。此外,Pig Latin 支持通过多个关系运算符来完成各种关系操作功能,如迭代、过滤、排序、连接、分组等,表 5-3 显示了一部分 Pig 中的关系运算符。

表 5-3　Pig Latin 部分关系运算符列表

运算符	描　　述
FILTER	基于某个条件从关系中选择一组元组
FOREACH	对某个关系的元组进行迭代,生成一个数据转换
GROUP	将数据分组为一个或多个关系
JOIN	连接两个或两个以上的关系(内部或外部联接)
LOAD	从文件系统加载数据
ORDER	根据一个或多个字段对关系进行排序
SPLIT	将一个关系划分为两个或两个以上的关系
STORE	在文件系统中存储数据

4. Pig 与数据库的比较

Pig Latin 看起来类似于 SQL 语言,都能实现对数据的查询处理,但一般来说,两种语言之间包括 Pig 与关系数据库之间还是存在一些差异,主要表现在以下几方面。

(1)数据流编程语言

Pig 是一个数据流编程语言,而 SQL 是一种声明式编程语言。换言之, Pig Liatin 程序是输入关系上一步一步操作的集合,而 SQL 语句是定义输出的约束条件的集合,从某种程度上可以将其理解为它解决了如何将声明式语句转化成步骤的问题。

(2)存储形式

关系数据库以预定义模式存储数据,而 Pig 本质上可以对任何来源的元组进行操作,最常见的表示是一个带有分隔字符的文本文件,Pig 提供了这种格式的内置加载函数。

(3)操作对象

SQL 是针对固定的数据结构进行操作,而 Pig 使用 UDF 和流操作与其对复杂嵌套数据的操作相结合,使其功能更加灵活强大。

(4)查询机制

关系数据库查询延迟低,而 Pig 支持随机读取或很短时间内的顺序查询,不支持随机写入更新数据的一小部分,因此,它涉及的写操作都是大量、流写入的。

5.2.6　Hadoop 与分布式开发

　　分布式,从字面意思理解是指物理位置的分散布局,如主分店:主店在纽约,分店在北京。分布式就是要实现在不同的物理位置空间中实现数据资源的共享与处理。如金融行业的银行联网、交通行业的售票系统、公安系统的全国户籍管理等,这些企业或行业单位之间具有地理分布性或业务分布性,如何在这种分布式的环境下实现高效的数据库应用程序的开发是一个重要的问题。

　　典型的分布式开发采用的是层模式变体,即松散分层系统(Relaxed Layered System)。这种模式的层间关系松散,每个层可以使用比它低层的所有服务,不限于相邻层,从而增加了层模式的灵活性。较常用的分布式开发模式有客户机/服务器开发模式(C/S 开发模式)、浏览器/服务器开发模式(B/S 开发模式)、C/S 开发模式和 B/S 开发模式的综合应用。C/S 开发模式如图 5-14 所示,B/S 开发模式如图 5-15 所示。

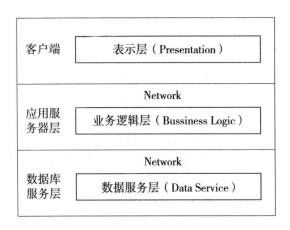

图 5-14　典型的 C/S 体系结构

　　在图 5-15 中,多了一层 Web 层,它主要用于创建和展示用户界面。现实中经常把 Web 服务器层和应用服务器层统称为业务逻辑层,也就是说在 B/S 开发模式下,一般把业务逻辑放在了 Web 服务器中。因此分布式开发主要分为 3 个层次架构,即用户界面、业务逻辑、数据库存储与管理,3 个层次分别部署在不同的位置。其中用户界面实现客户端所需的功能,B/S 架构的用户界面是通过 Web 浏览器来实现的,如 IE 6.0。由此可看出,B/S 架构的系统比 C/S 架构系统更能够避免高额的投入和维护成本。业务逻辑层主要是由满足企业业务需要的分布式构件组成的,负责对输入/输出的数据按照业务逻辑进行加工处理,并实现对数据库服务器的访问,确保在更新数据库或将数据提供给用户之前数据是可靠的。数据库存储与管理是在一个专门的数据库服务器上实现的,从而实现软件开发中业务与数据分离,实现了软件复用。这样的架构能够简化客户端的工作环境并减轻系统维护和升级的成本与工作量。

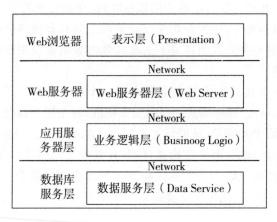

图 5-15 典型的 B/S 计算模式

分布式开发技术已经成为建立应用框架(Application Framework)和软构件(Software Component)的核心技术,在开发大型分布式应用系统中表现出强大的生命力,并形成了三项具有代表性的主流技术,一个是微软公司推出的分布式构件对象模型(Distributed Component Object Model,DCOM),即 .NET 核心技术。另一个是 SUN 公司推出的 Enterprise Java Beans(EJB),即 J2EE 核心技术。第三个是对象管理组织(Object Management Group,OMG)组织推出的公共对象请求代理结构(Common Object Request Broker Architecture,CORBA)。

当然,不同的分布式系统或开发平台,其所在层次是不一样的,完成的功能也不一样。并且要完成一个分布式系统有很多工作要做,如分布式操作系统、分布式程序设计语言及其编译(解释)系统、分布式文件系统和分布式数据库系统等。所以说分布式开发就是根据用户的需要,选择特定的分布式软件系统或平台,然后基于这个系统或平台进一步的开发或者在这个系统上进行分布式应用的开发。

显然,仅仅依赖 HDFS 和 MapReduce 能够完成的功能是有限的。但随着 Hadoop 的快速发展,很多组件也伴随着它应运而生。

Hadoop 分布式文件系统是一个用于普通硬件设备上的分布式文件系统,它与现有的文件系统有很多相似的地方,但又和这些文件系统有很多明显的不同。本小节将介绍一些简单的 Hadoop 进行分布式并发编程的相关知识。

1. 数据的分布存储

与单机上的文件系统类似,同样可以新建目录,创建、复制、删除文件,查看文件内容等。但其底层实现上是把文件切割成块(Block),然后这些块分散地存储于不同的 DataNode 上,每个块还可以复制数份存储于不同的 DataNode 上。

2. 分布式并行计算

Hadoop 中有一个作为主控的 JobTracker,用于调度和管理其他的 TaskTracker,JobTracker 可以运行于集群中任一台计算机上。JobTracker 将 Map 任务和 Reduce 任务分发给空闲的 TaskTracker,让这些任务并行运行,并负责监控任务的运行情况。

3. 本地计算

数据存储在哪一台计算机上,就由这台计算机进行这部分数据的计算,这样可以减少数据在网络上的传输,降低对网络带宽的需求。

4. 任务粒度

把原始大数据集切割成小数据集时,通常让小数据集小于或等于 HDFS 中一个块的大小,这样能够保证一个小数据集位于一台计算机上,便于本地计算。

5. 数据分割

把 Map 任务输出的中间结果按 key 的范围划分成 R 份(R 是预先定义的 Reduce 任务的个数),划分时通常使用 Hash 函数,可以简化 Reduce 的过程。

6. 数据合并

在 Partition 之前,还可以对中间结果先做合并(Combine),即将中间结果中有相同 key 的<key,value>对合并成一对。合并能够减少中间结果中<key,value>对的数目,从而减少网络流量。

7. 任务管道

有 R 个 Reduce 任务,就会有 R 个最终结果,很多情况下这 R 个最终结果并不需要合并成一个最终结果。因为这 R 个最终结果又可以作为另一个计算任务的输入,开始另一个并行计算任务。

5.2.7　多机环境配置 Hadoop

假定现在有两台计算机 skatertest 与 skatertestl,这两台计算机互相之间可以用网络通信(可以通过修改/etc/hosts 文件添加主机名及 IP,通过 ping<host>命令检查是否可以互相通信)。

配置完网络后,还需要配置主服务器中 Hadoop 的各个模块。

配置 NameNode,如代码清单 5-1 所示。

【代码清单 5-1】

Conf/core-site. xml:

```
<configuration>
  <property>
    <name>fs. default. name</name>
    <value>hdfs://skatertest:9000</value>      <! -主 Name-
        Node 的工作地址-->
  </property>
</configuration>
```

配置 DataNode,如代码清单 5-2 所示。

【代码清单 5-2】

conf/hdfs-site. xml:

```
<configuration>
<property>
  <name>dfs. replication</name>      <! -数据备份-->
  <value>2</value>                   <! -数据备份-->
</property>
</configuration>
```

配置 MapReduce 任务服务器,如代码清单 5-3 所示。

【代码清单 5-3】

conf/mapred-site. xml:

```
<configuration>
```

```
<property>
    <name>mapred. Job. tracker</name>
    <value>skatertest:9001</value>        <!-MapReduce 服务
        器的工作地址-->
</property>
</configuration>
```

配置 SecondaryNameNode 服务器的代码如下所示。

```
conf/masters
skatertest2      # SecondaryNameNode 定期合并日志信息，并不能单
    独工作
#可加快主 NameNode 的重新启动时间
```

配置从服务器的代码如下所示。

```
cof/slaves
skatertest
skatertest1
```

5.2.8　分布式环境下运行 Hadoop

格式化文件系统的代码如下所示。

```
bin/hadoop namenode-format
```

启动 Hadoop 的代码如下所示。

```
bin/start-all. sh
```

启动 Hadoop 后，可以用 Java 的 jps 工具查看启动的 Java 进程。主服务器上的 Java 进程，如代码清单 5-4 所示。

【代码清单 5-4】

```
root@skatertes#jps
3973 Jps
3574 DataNode
3725 SecondaryNameNode
3893 TaskTracker
1131 JobTracker
3487 NameNode
```

从服务器上的 Java 进程，如代码清单 5-5 所示。

【代码清单 5-5】

```
root@skatertest#jps
```

```
3647 Jps
3570 TaskTracker
3501 DataNode
```

此外,Hadoop 提供网页监控 HDFS NameNode 和 MapReduce Job-Tracker 的运行。

```
NameNode-http://skatertest:50070/
JobTracker-http://skatertest:50030/
```

或者使用命令查看 HDFS 工作状况。

```
bin/hadoop dfsadmin-report
```

在分布式条件下首次执行工作,将 Hadoop Conf 文件夹中的所有数据复制到 HDFS 系统中的 input 文件夹。

```
$ bin/hadoop fs-mkdir input
$ bin/hadoop fs-put conf/ * . xml input
```

计算 XML 文件中以 Proper 开头的关键字,并按关键字出现的次数排序。

```
$ bin/hadoop jar hadoop-0. 20. 2-examples. jar grep input output'propert
[a-z. ]+'
```

可以通过 Hadoop 自带的 cat 命令直接打开 HDFS 文件系统上的输出文件,查看结果。

```
$ bin/hadoop fs-cat output/ *
51property
1 properties
```

5.3 后 Hadoop 时代即将来临

5.3.1 Hadoop 的企业应用现状

随着企业的数据量的迅速增长,存储和处理大规模数据已成为企业的迫切需求。Hadoop 作为开源的云计算平台,已引起了学术界和企业的广泛关注。下面将选取具有代表性的 Hadoop 商业应用案例进行分析,让读者了解 Hadoop 在企业界的应用情况。

1. Hadoop 在门户网站的应用

关于 Hadoop 技术的研究和应用,Yahoo! 始终处于领先地位,主要体现在下面几种产品中，如图 5-16 所示。

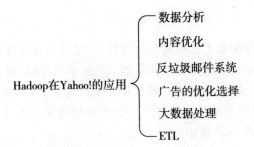

图 5-16　Hadoop 在 Yahoo! 的应用

2. Hadoop 在搜索引擎中的应用

百度对海量数据处理的要求是比较高的，要在线下对数据进行分析，还要在规定的时间内处理完并反馈到平台上。在百度，Hadoop 主要应用于以下几个方面。

①数据挖掘与分析。

②日志分析平台。

③数据仓库系统。

④推荐引擎系统。

⑤用户行为分析系统。

但是百度在使用 Hadoop 时也遇到了如下一些问题。

①MapReduce 的效率问题。

②HDFS 的效率和可靠性问题。

③内存使用的问题。

④作业调度的问题。

⑤性能提升的问题。

⑥健壮性的问题。

⑦Streaming 局限性的问题。

⑧用户认证的问题。

百度在 2006 年就开始关注 Hadoop 并开始调研和使用，在 2012 年其总的集群规模达到近十个，单集群超过 2800 台机器节点，Hadoop 机器总数有上万台机器，总的存储容量超过 100PB，已经使用的超过 74PB，每天提交的作业数目也有数千个之多，每天的输入数据量已经超过 7500PB，输出超过 1700TB。同时，百度在 Hadoop 的基础上还开发了自己的日志分析平台、数据仓库系统，以及统一的 C＋＋编程接口，并对 Hadoop 进行深度改造,开发了 Hadoop C++扩展 HCE 系统。

3. Hadoop 在电商平台中的应用

在 eBay 上存储着上亿种商品的信息,而且每天有数百万种的新商品在增加,因此需要用云系统来存储和处理 PB 级别的数据,而 Hadoop 则是个很好的选择。Hadoop 是建立在商业硬件上的容错、可扩展、分布式的云计算框架,eBay 利用 Hadoop 建立了一个大规模的集群系统——Athena,它被分为 5 层,如图 5-17 所示。

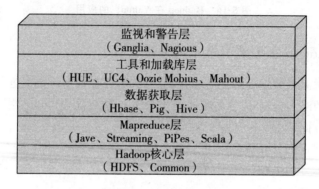

图 5-17　Athena 的层次

Hadoop 核心层包括 Hadoop 运行时环境、一些通用设施和 HDFS,其中文件系统为读写大块数据而做了一些优化,如将块的大小由 128MB 改为 256MB。MapReduce 层为开发和执行任务提供 API 和控件。数据获取层的主要框架是 HBase、Pig 和 Hive。

除了以上案例,在很多其他的应用中都有 Hadoop 的身影,在 Facebook、电信等业务中 Hadoop 都发挥着举足轻重的作用。由此可以看出 Hadoop 分布式集群在大数据处理方面有着无与伦比的优势,它的特点(易于部署、代价低、方便扩展、性能强等)使得它能很快地被业界接受,生存能力也非常强。实际上除商业上的应用外,Hadoop 在科学研究上也发挥了很大的作用,例如数据挖掘、数据分析等。

虽然 Hadoop 在某些处理机制上存在着不足,如实时处理,但随着 Hadoop 发展,这些不足正在被慢慢弥补,最新版的 Hadoop 已经开始支持 storm 架构(一种实时处理架构)。随着时间的推移,Hadoop 会越来越完善,无论用于电子商务还是科学研究,都是很不错的选择。

5.3.2　Hadoop 运用地域分布

　　北京、深圳和杭州位列前三甲：北京有淘宝和百度；深圳有腾讯；杭州有网易等。互联网公司是 Hadoop 在国内运用的中坚力量。淘宝是国内最先使用 Hadoop 的公司之一，而百度赞助了 HyperTable 的开发，加上北京研究 Hadoop 的高校比较多，因此北京是 Hadoop 研究和应用需求最高的一个城市。北京的中科院研究所，在 2009 年度还举办过几次 Hadoop 技术大会，2010、2011 年也举办了 Hadoop 专题会议或云计算博览会，这些工作也加速了 Hadoop 在国内的发展。Hadoop 的运用地域分布如图 5-18 所示。

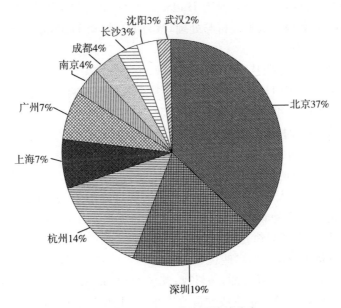

图 5-18　Hadoop 的运用地域分布

5.3.3　Hadoop 的发展趋势

　　2011 年 12 月，中国科学院技术研究所在北京会议中心主办了第五届 Hadoop in China 大会，参加会议的不仅有首次到会的 Hadoop 创始人 Doug Cutting，还有不少全球的 Hadoop 开发者、用户。IT168 在大会现场对用户进行了调查，得到了与会嘉宾和用户的极大关注和积极参与。调查涉及以下几个方面：

(1)企业规模

从 Hadoop 应用所在企业规模方面看,人员规模 1000 人以上的企业占比近一半(45%),这意味着,Hadoop 应用在大型企业占多数;但是,从另一个角度看,人员规模介于 100～249 之间的中小型企业占比 28%,这表明,Hadoop 的应用已经不再是大型企业的专利,许多中小型的企业也已经开始关注 Hadoop。

(2)企业使用 Hadoop 的主要用途

一半以上的企业使用 Hadoop 的目的首先是数据挖掘和改善商业智能分析;其次是日志的分析和 WEB 搜索、降低数据分析成本,它们所占的比例分别为 38% 和 31%,剩下的 26% 的企业使用 Hadoop 的目的是半结构化/非结构化数据处理和分析。

从以上可以看出,企业使用 Hadoop 的目的在于商业智能和数据挖掘、半结构化/非结构化数据分析与处理,该目的是推动 Hadoop 在企业内应用的两大重要动力。

(3)Hadoop 相关技术

在 Hadoop 中 HDFS、MapReduce 是企业使用的两种最主要的技术,使用率分别为 74% 和 69%。这表明大部分企业使用 Hadoop 中的 HDFS 和 MapReduce 两种技术,也反映了这两种技术的使用达到一个比较高的水准;同时超过三分之一的企业在使用 HBase、Hive。

(4)Hadoop 的发展趋势

其中 94% 的人都看好 Hadoop 在中国的发展前景,表明了中国用户对 Hadoop 的认可度是非常高的,Hadoop 得到了大多用户的支持和关注,因此它在中国的发展前途光明。

(5)看重 Hadoop 的哪些优点

首先 Hadoop 是开源的,易修改;其次 Hadoop 采用分布式技术处理大数据,其效率高。随着企业数据量的暴涨,企业用户对大数据处理意识越来越关注,Hadoop 有自己独有的优势,因此在大数据时代会受到越来越多的企业的重视。总之,Hadoop 具有的开源和高效这两大优势是它风靡企业数据中心的推动力量。

(6)学习和使用 Hadoop 过程中的困难

有超过 1/3 的人认为 Hadoop 用户在学习和使用 Hadoop 过程中的最大的困难是缺少中文社区;其次 33% 的人认为目前 Hadoop 的商业化工具和服务不够多;最后 Hadoop 人才技术比较缺乏。

目前现有 BI 工具供应商正在增加 Apache Hadoop 的支持,如 Pentaho,它先在 2010 年 5 月加入 Hadoop 支持,随后又增加 EMC Greenplum 发行版支持。Hadoop 正在成为主流的另一个迹象是数据集成商的支持。

此外,也出现了 Hadoop 设备,其中包括 2011 年 5 月发布的 EMC Greenplum HD(一个整合 Hadoop MapR、Greenplum 数据和标准 X86 服务器的设备)和 Dell/Cloudera Solution(在 Dell PowerEdge C2100 服务器和 PowerConnect 交换机上整合 Cloudera 的 Hadoop 发行版和 Cloudera Enterprise 管理工具)。

最后,Hadoop 比较适合部署到云环境中,如 Amazon 的 EC2 和 S3 提供了 Amazon Elastic MapReduce 的托管服务。Apache Hadoop 自己本身还带有一组专门用于简化 EC2 部署和运行的工具。

综上所述,Hadoop 在中国的发展趋势很好,将会受到越来越多的企业关注。为了便于 Hadoop 的开发人员和用户进行相互交流和学习,将会产生更多的中文社区。为了扩大发展 Hadoop 的商业模式,鼓励厂商和企业加入到 Hadoop 商业化和服务队伍中去,为用户提供更好的商业化工具和服务。为了给 Hadoop 学习提供一个更好的学习氛围,教育机构、培训机构或企业方面都可以提供更多的机会和资源,以培养更好的 Hadoop 人才。

小　　结

本章从简到难,由浅入深地描述了 Hadoop 基本概念及应用领域,主要从以下几个方面介绍 Hadoop 相关知识。

①从 Hadoop 的简介中,了解 Hadoop 的由来、核心设计、优势和发行版本。

②深入了解 Hadoop,涵盖了 Hadoop 的体系结构、生态系统与分布式开发等内容,介绍了 Hadoop 是如何做到并行计算和数据管理的,同时体现了 Hadoop 完整的数据定义和体系结构。

③通过讲解 Hadoop 在百度、Yahoo! 以及 eBay 的应用,了解 Hadoop 在大型应用中扮演的角色,以便在今后的应用中根据实际要求修改和完善 Hadoop。

第6章　云数据中心

　　云计算促进了新型数据中心的出现。在云计算模式下,信息的传输、处理、存储等全部在数据中心完成,传统数据中心由于采用"烟囱式"的资源配置模式,存在硬件资源紧密耦合、自动化程度低、存储设备直接连接、能耗过高等一系列问题,无法有效承载云计算业务,因此基于云计算技术的新一代数据中心应运而生。

　　在过去,企业的数据中心只侧重于计算能力与性能,随着社会环境与经济环境的转变,企业数据中心的侧重点发生了改变,目前企业数据中心追求的是成本、绿色、节能、低碳。新一代数据中心的管理越来越复杂、能耗越来越严重、成本越来越高、信息安全受到的挑战越来越严重,为了解决这些问题,新一代的绿色数据中心采用自动化管理＋虚拟化资源整合＋新的能源管理技术的方式,实现数据中心的高效、节能、环保、自动化管理。[①]

6.1　云数据中心概述

6.1.1　数据中心的组成

　　数据中心在逻辑上包括硬件和软件。硬件是指数据中心的基础设施,包括支撑系统和计算机设备等;软件是指数据中心所安装的程序和提供的信息服务等。图 6-1 所示为数据中心的逻辑构成。

　　对于一个现代化的信息系统而言,数据中心好像信息系统的心脏,网络好像信息系统的血液,数据中心通过网络向企业或公众提供信息服务。

　　图 6-2 是一个数据中心示意图。从图 6-2 可以看出,服务器作为数据

---

　　① 汪楠. 基于 OpenStack 云平台的计算资源动态调度及管理[D]. 大连:大连理工大学,2013.

中心信息服务的主要载体,同时与数据中心的其他设备如计算设备、存储设备和网络设备相连,是数据中心的核心组件。除此之外,数据中心还包含防火墙等安全设备,它们为数据中心的安全隔离、安全接入提供了保障。

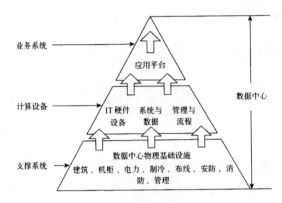

图 6-1　数据中心的逻辑构成

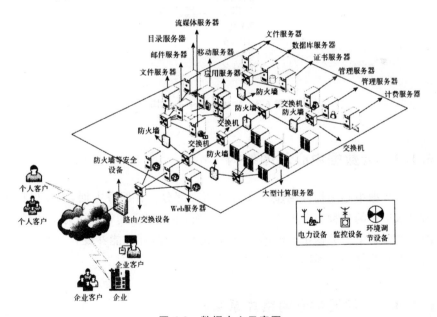

图 6-2　数据中心示意图

6.1.2　绿色数据中心架构

如今,云时代的到来,正在剧烈影响着数据中心的建设理念和基础设施

设备、工程实施、运行维护领域的技术和产业发展,正在驱动并孕育着一场
数据中心基础设施的产业革命,正在引领数据中心进入第四代发展时
期——云数据中心时代。

　　绿色数据中心的架设,综合体现在节能环保、高可靠可用性和合理性3
个方面,其架构如图6-3所示。

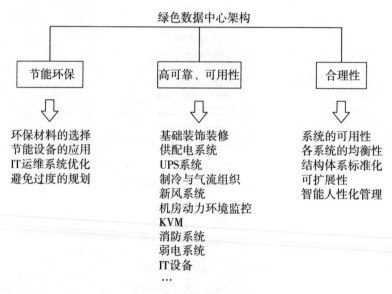

绿色数据中心架构

| 节能环保 | 高可靠、可用性 | 合理性 |

环保材料的选择　　　基础装饰装修　　　系统的可用性
节能设备的应用　　　供配电系统　　　各系统的均衡性
IT运维系统优化　　　UPS系统　　　结构体系标准化
避免过度的规划　　　制冷与气流组织　　可扩展性
　　　　　　　　　　新风系统　　　智能人性化管理
　　　　　　　　　　机房动力环境监控
　　　　　　　　　　KVM
　　　　　　　　　　消防系统
　　　　　　　　　　弱电系统
　　　　　　　　　　IT设备
　　　　　　　　　　　…

图 6-3　绿色数据中心架构

6.1.3　云数据中心总体架构

　　云数据中心架构分为服务和管理两大部分。在服务方面,主要以提供
用户基于云的各种服务为主。在管理方面,主要以云的管理层为主,它的功
能是确保整个云数据中心能够安全、稳定地运行,并且能够被有效管理。云
数据中心总体架构如图6-4所示。

6.1.4　云数据中心网络体系架构

　　云数据中心网络可分为前端网络和后端网络。前端网络是指用户
(Client)与服务器(Server)、服务器(Server)与服务器(Server)之间的连接;
后端网络是指服务器(Server)与存储设备(Storage)之间的连接。

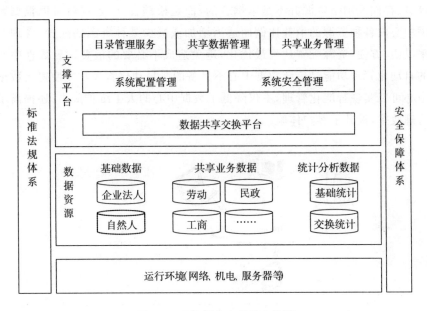

图 6-4　云数据中心总体架构图

　　云数据中心网络架构对应虚拟化云的基本架构,这是一个标准的虚拟化云,由硬件资源池提供计算与存储资源,前端的虚拟机向用户交付应用服务。在这个架构中,硬件资源池提供 IaaS;云管理平台提供 PaaS;虚拟服务器提供 SaaS。在 SaaS 前,采用负载均衡设备提供 SaaS 的应用负载均衡,通过这种组合,在最大化地提升硬件资源池的利用率的同时,通过开发的服务注册中心和服务的封装和管理,动态提供全方位的 SaaS。具体体系架构见图 6-5。

6.1.5　云数据中心技术架构图

　　云数据中心的演进分三个阶段,第一阶段是基础设施即服务(IaaS),利用现有的硬件,包括存储,进行整合、虚拟化、动态的优化。第二阶段是逐步搭建一个平台(PaaS),开放的平台,包括开源。在这个平台上做创新、做管理。第三阶段是形成一个企业的云服务中心(SaaS),关注企业商业模式创新、供应链的优化与外延,最终形成社区云,如图 6-6 所示。

　　与传统数据中心相比,云数据中心的所有服务器与存储器都经过了虚拟化处理,这就导致其他条件相同时,满负荷运行的条件下,机房内 IT 设备的利用率可以提高 60% 以上。与传统数据中心相比,云数据中心的所有计算、存储及网络资源并不是紧耦合的,而是松耦合的,这样就可以根据数据中心内各种资源的消耗比例而适当增加或减少某种资源的配置,管理起来灵活、方便,资源配置达到最优化,避免造成不必要的浪费。云数据中心的自动化管理功能是传统数据中心不具备的。自动化管理功能使得云数据中心可以实现智能化管理,不仅降低了数据中心的人工维护成本;还提高了管理效率,提升了客户体验。

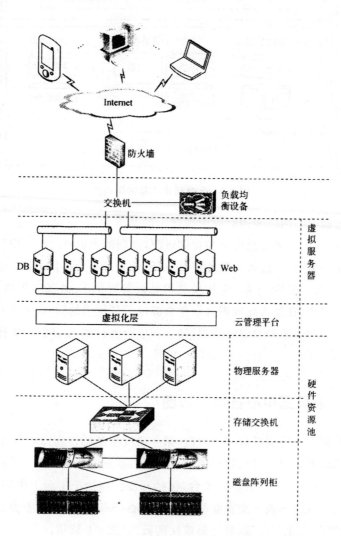

图 6-5　云数据中心网络体系架构

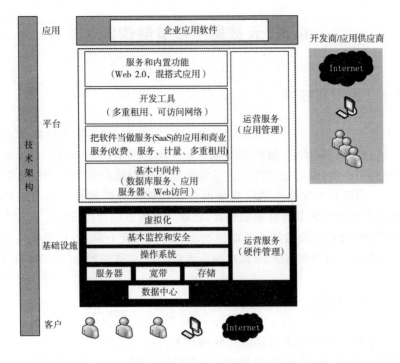

图 6-6　云数据中心技术架构图

6.2　网络融合技术

通过融合可以实现降低成本、降低管理复杂度、提高安全性等优势。现阶段支持三网融合的关键技术主要有光纤以太网通道技术（Fiber Channel over Ethernet，FCoE）、数据中心桥接技术（Data Center Bridging，DCB）及多链接透明互联（TRILL）等。以太网光纤通道，通过在以太网上传输 FC 的数据，从而实现 I/O 接口整合，减少数据中心的复杂性。DCB 是数据中心内部"三网融合"的关键技术，也被称为融合增强型以太网（Convergence Enhanced Ethernet，CEE）。其核心是将以太网发展成为拥有阻塞管理和流量控制功能的低延迟的和不丢弃数据包的传输技术，从而拥有以太网的低成本、可扩展和 FC 的可靠性。

6.3　云数据中心节能技术

6.3.1　虚拟化技术

虽然 PUE 值可以作为能耗效率的一个参考值,但实际上可能很多服务器是空转的。据统计,国内 IDC 服务器平均利用率只有 10% 左右。服务器不仅利用率低,同时也消耗了大量的电能。虚拟化是解决这个问题的一个途径。借助虚拟化技术可以实现由一台物理服务器运行多台虚拟服务器,实现多台物理服务器资源的整合,让单台服务器的计算资源能被多个计算实例共享,并利用负载均衡策略使物理资源得到充分利用,达到提高服务器利用率、减少服务器数量,从而减少能源消耗、降低管理和运营成本的目标。

6.3.2　服务器定制化设计

随着 Web 2.0 技术和移动互联网技术的深入发展,视频分享、搜索引擎、即时通信、社交网络、网络游戏、在线交易等成为互联网行业的热点应用。同时,随着用户终端数量的增加,这些应用对服务器处理、数据存储、网络交换、系统供电等提出了很多新的要求。而由于 Web 服务器对图形图像处理、外设、接口等要求较低,为了平衡成本,很多互联网和云计算服务提供商针对自身业务订购了定制化服务器,在增加计算和存储能力的基础上简化了图形处理和外设接口模块。例如,基于 x86 架构的存储服务器在服务器前端增加了很多磁盘以提供充足的磁盘空间,而缓存服务器则要求内存空间足够大。以 Google 最新公布的服务器平台为例,其定制化服务器组成包含 2 个 CPU、2 块硬盘、8 根内存及板载 USB、网卡接口、电源模块,而不包括图形处理器、Raid 卡、PCI 插槽等模块。在简化服务器组成、降低服务器成本的同时,也降低了服务器的电能消耗。

6.3.3　制冷技术

1. 水冷

原理是将温度较低的水送到数据中心以冷却服务器及通信设备,产生的温水循环到数据中心外,再经过自然或者机械冷却后送回数据中心(产生水压需要消耗一定的电力)。现有的水冷技术主要是在服务器机柜后面安装由水冷管组成的散热门来吸收服务器产生的热空气散发的热量,同时通过在处理器上安装水冷散热盘来吸收处理器散发的热量,从而降低机柜内的温度。

2．自然冷

虽然水冷技术可以大大提高数据中心的散热速度和散热效率,但是水冷设备也消耗了大量的电能,昂贵的能源开支使人们开始采用数据中心外部的空气进行服务器冷却。现在,Google 已经在比利时建立了一个没有冷却系统的数据中心。布鲁塞尔常年气温在 22℃ 以下,Google 的数据中心可以承受最高 27℃ 的气温。而在炎热的夏季,Google 会将该数据中心的工作负载转移到其他数据中心,待气温降低后再恢复该数据中心的工作。同时,微软、Intel、IBM 等 IT 厂商为了实现"免费的冷却系统",也开始研究与自然冷却相关的技术。

3．高温运行

一般数据中心的工作温度都控制在 21℃ 以下,而 Google 的数据中心工作温度设定在 27℃。实现类似 Google 数据中心内的计算及通信设备运行在偏高温度下需要满足两个条件,一是服务器及通信设备的临界温度值较高,二是要能精确控制数据中心的温度,可见,实现高温运行对数据中心技术条件的要求较高。现在,Google 还在继续研究如何提高数据中心的工作温度,以达到节能减排及经济环保的目的。

6.3.4 电源设计

目前,数据中心机房的设备用电主要为交流电。交流电通过由整流器、逆变器和静态开关所组成的不间断电源设备 UPS 供电,在这种情况下,供电设备功耗约占数据机房所需总功耗的 6%～11%。

对电源系统可采取以下节能措施:第一,推动由数据机房直流供电代替交流供电,因为在供电可靠性、电磁兼容性、供电能效比等方面直流供电都优越于交流供电;第二,提高 UPS 设备自身的效能是降低整个机房能耗最直接的方法,在采购时,应尽量采购效率更高的 UPS 设备。Google 在选择供电设备方面的做法是不使用共享的 UPS 设备,而是在每台服务器上设计一个专用的 12V 备用电源,使电力使用效率从 92%～95% 提高到了99.9%。另外,Google 数据中心的地理位置大部分远离城市,因此可以使用更加环保的风能、水力供电系统,降低了电能在传输过程中的损耗。

6.3.5　软件方式

　　针对数据中心的高能耗问题,有的学者提出采用组件级的节能技术,比如专门针对 CPU 的动态能效管(Dynamic Power Management,DPM)、动态电压频率扩展(Dynamic Voltage Frequency Scaling,DVFS)技术等;有的学者提出采用服务器整合(Server Consolidation)技术通过区分资源的优先次序并按需将系统资源分配给最需要它们的工作负载来简化管理和提高效率,比如覆盖集(Covering Set,CS)方法、AIS(All-in Strategy)方法等,有的学者提出采用功耗封顶(Power Capping)技术通过对服务器能耗进行动态设置或者封顶,减少不必要的过度供给,将节省下来的电力重新分派给新的系统;有的学者提出采用基于控制等理论的节能技术来降低云数据中心能耗。

6.4　虚拟化技术

6.4.1　虚拟化技术的引入

　　魔术师大卫·科波菲尔在纽约自由岛的自由女神像前升起了一幅巨大的幕布,几秒钟后当幕布落下时,自由女神像神秘消失了。在场观众无不拍手称奇。魔术师用的是障眼法,把真实的场景"掩盖"起来,代替的是另外一个虚拟的场景。在计算机里也有这样的一位魔术师,那就是虚拟化技术,简称虚拟技术或虚拟化。

　　虚拟技术是整合计算机资源的一种常用技术,整合后的资源(称为逻辑资源或虚拟资源)比整合前的资源(称为物理资源或真实资源)更强大,但使用方法与整合前的物理资源一致。

　　举一个常见的虚拟化的应用实例:当电脑同时打开很多程序,或打开很占内存的程序时,可能会出现这种提示:"你系统的虚拟内存不足,请……"这里的虚拟内存,就是虚拟化的一种类型。内存虚拟化是指在硬盘中划分一部分空间出来,作为内存的一部分,用来存储真实内存放不下且暂时不用的数据,当程序要使用这些数据时,再把这些数据从硬盘转移到内存。这种技术把硬盘的一部分虚拟为内存,从而扩大了内存。

　　为什么会这样神奇呢?是因为电脑安装了一个内存虚拟化软件。它把内存空间及硬盘空间整合起来,变成一个大的虚存空间,同时,又像魔术师的障眼法那样,把硬盘空间掩盖起来,"欺骗"了使用者。可见虚拟化技术实际就是软件技术的一种应用。

　　一般说来,虚拟化技术包括各类软硬件资源,从硬件资源、操作系统、应用程序等,都可以进行虚拟化。资源不同,虚拟化技术也不同,所以虚拟化技术按虚拟对象的不同,可分为服务器虚拟化、存储虚拟化、网络虚拟化、应用程序虚拟化、桌面虚拟化等。以下介绍几种常用的虚拟化。

6.4.2　服务器虚拟化

　　服务器虚拟化是指在一台物理主机上运行一台或多台虚拟机(VM),虚拟机是通过虚拟技术营造出来的具有完整硬件功能的逻辑计算机系统。各个虚拟机互相独立,虚拟机可以运行各自的操作系统。对外部用户来说,他在虚拟机上看到和感觉到的效果与运行在独立的物理机器上的效果没什么差别。

　　服务器虚拟化的本质是使用虚拟软件在物理机上虚拟出虚拟机。多台虚拟机共用一套物理资源,如 CPU、内存、I/O、网络接口等。一台机可以变出多台机,所以使用服务器虚拟化,可以充分发挥服务器的性能。例如,某企业拥有一台性能优良的服务器,但当前只运行了一个基于 Windows 操作系统的财务管理系统,运行这个系统只占用了服务器 20% 的性能,大材小用。当企业准备启用一个基于 Linux 操作系统的办公自动化系统时,通过虚拟化技术,在原机上生成一个 Linux 的虚拟机,办公自动化系统即在虚拟机上运行。这样,虽然只有一台物理机,但通过服务器虚拟化,"变"出了一台新机器。同理,若还要增加新系统? 只要物理机性能足够,再"变"就是。

　　服务器虚拟化还有另外一种情况,就是把许多低性能的小服务器,变成一台或多台高性能的虚拟服务器,满足用户大计算量的需求。这也是云计算技术的初衷。

　　云计算向用户提供服务器租用服务时,通常都以虚拟机的方式提供给用户。

6.4.3　应用程序虚拟化

　　众所周知,要在电脑上运行一个程序,首先要在电脑上安装这个程序,安装程序会先检查电脑环境是否满足程序的运行要求。如果条件满足,就会将程序安装在电脑的硬盘上;如果不满足,安装程序可能会提示:"当前操作系统的版本与软件不兼容",导致无法在该电脑上使用这个程序。使用应用程序虚拟化可以解决不兼容问题。

应用程序虚拟化是在操作系统之上建立一个虚拟环境,这个环境提供程序运行所需的条件。这时,程序不是安装在本地电脑上,而是安装在远程服务器上,当要运行程序时,再将程序传送到本地电脑,在虚拟环境上运行。应用程序虚拟化将应用程序和操作系统分离,应用程序的运行不再依赖操作系统和底层的硬件,使得应用程序可以运行在不同的应用终端上。

企业可以通过使用服务器虚拟化,节省了服务器的投资。如果使用应用程序虚拟化,又有什么变化呢?没有应用程序虚拟化前,要使用财务管理系统,技术人员需在每台使用该系统的机器上安装该财务系统程序,系统要升级,技术人员又得帮每台机都升级程序。要上办公自动化系统,技术人员又得跑一趟。使用应用程序虚拟化后,技术人员只需在每台机器上安装一个虚拟程序客户端,以后所有的更新都不用跑现场,只要在服务器上配置就可以了。

使用虚拟应用程序,程序的安装、更新、删除都在服务器上完成,这些工作对用户是完全透明的,简化了软件的配置过程。

6.4.4 网络虚拟化

试想一下两个场景:当你下班回家,想要继续访问单位内部资源继续工作(如办公系统);分布在不同城市的分公司想要使用部署在总公司的财务系统。在这两种情况下,它们的数据通信都要经过不安全的外部网络。要进行安全的网络传输,可以通过网络虚拟化技术实现。

网络虚拟化有两种,一种是将一个大的局域网络划分为若干个小的虚拟局域网络(VLAN),另一种是虚拟专用网(VPN)。虚拟专用网(Virtual Private Network,VPN)通常是指在公共网络中,利用隧道技术所建立的临时而安全的网络。VPN 建立在物理连接基础之上,使用互联网、帧中继或 ATM 等公用网络设施,不需要租用专线,是一种逻辑的连接。

VLAN(Virtual Local Area Network,虚拟局域网)是一种将局域网设备从逻辑上划分成一个个网段,从而实现虚拟工作组的数据交换技术。VLAN 的特点是,同一个 VLAN 内的各个工作站可以在不同物理 LAN 网段。有助于控制流量,减少设备投资,简化网络管理,提高网络的安全性。通常我们认为局域网是相对安全的网络,例如,我们会认为公司内部的网络是安全的。但是,为了更安全,我们希望可以将公司的局域网络再细分,如财务部、销售部等部门都各自组成一个局域网,这时就可以使用虚拟局域网了。划分虚拟局域网的目的是出于安全考虑,将信任的机器和不信任的机器区分开来。通过虚拟专用网,能将两个不同地域的局域网络连接起来,就像一个局域网一样。如上述场景的总公司与分公司的网络,通过使用虚拟专用网技术,就能连成一个安全的大网络了。通过使用虚拟专用网,将家里的电脑连接到单位的网络,就如同在单位使用电脑了。

6.4.5　虚拟化安全攻击

　　常见的虚拟化攻击手段有虚拟机窃取和篡改、虚拟机跳跃(图 6-7)、虚拟机逃逸(图 6-8)、基于虚拟机的 Rootkits 攻击(图 6-9)、拒绝服务攻击(图 6-10),对虚拟化攻击的手段有一定的了解,才能更好地探索相应的防御技术,这对提高虚拟化系统的安全性是至关重要的。

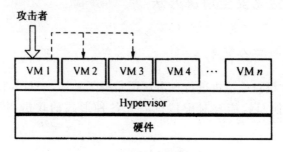

图 6-7　虚拟机跳跃攻击

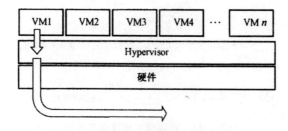

图 6-8　虚拟机逃逸攻击

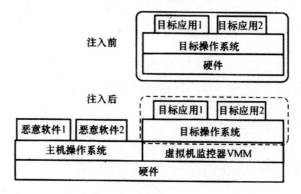

图 6-9　基于虚拟机的 Rootkits 攻击

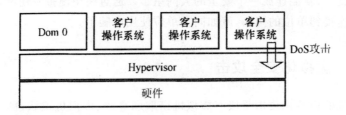

图 6-10　拒绝服务攻击

6.4.6　虚拟化安全解决方法

1. 宿主机安全机制

通过宿主机对虚拟机进行攻击可谓是得天独厚,一旦入侵者能够访问物理宿主机,他们就能够对虚拟机展开各种形式的攻击,具体如图 6-11 所示。

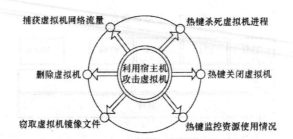

图 6-11　利用宿主机攻击虚拟机

图 6-12 所示为主机安全保障措施。

2. Hypervisor 安全机制

HyperSentry 架构如图 6-13 所示。

提高 Hypervisor 防御能力可以从以下几方面入手:

①防火墙保护 Hypervisor 安全。

②合理地分配主机资源。

③扩大 Hypervisor 安全到远程控制台。

④通过限制特权减少 Hypervisor 的安全缺陷。

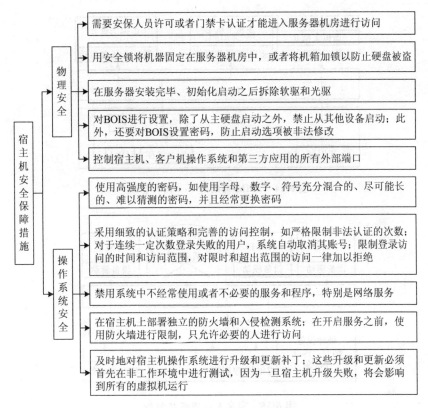

图 6-12　宿主机安全保障措施

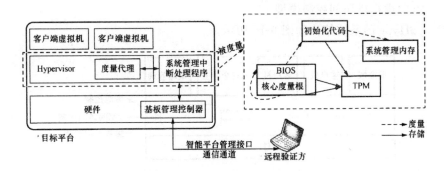

图 6-13　HyperSentry 架构

3. 虚拟机隔离机制

(1)虚拟机安全隔离模型

①硬件协助的安全内存管理(SMM)(图 6-14)。

②硬件协助的安全 I/O 管理(SIOM)(图 6-15)。

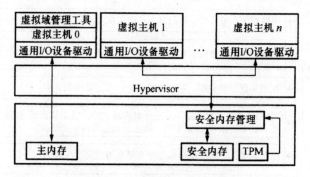

图 6-14 SMM 辅助的 Xen 内存管理

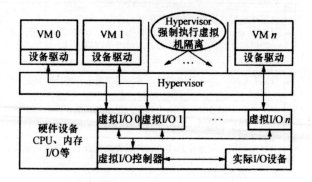

图 6-15 安全 I/O 虚拟化架构

（2）虚拟机访问控制模型

sHype 的系统架构如图 6-16 所示。

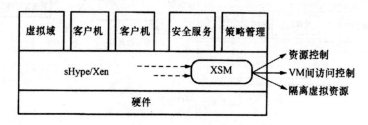

图 6-16 sHype 强制访问控制架构

　　基于 sHype 提出了一种分布式强制访问控制系统，称作 Shamon，它基于 Xen 实现了一个原型系统，系统结构如图 6-17 所示，能解决大规模分布式环境下的虚拟机隔离安全问题。

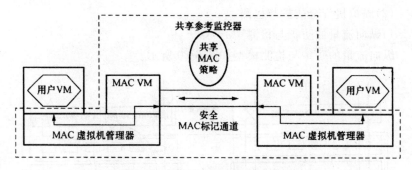

图 6-17 Shamon 原型系统结构图

4．虚拟机安全监控

在云计算环境中,部署有效的监控机制对虚拟机进行实时监控是十分必要的。通过部署有效的监控机制,可以对虚拟机系统的运行状态进行实时观察,及时发现不安全因素,保证虚拟机系统的安全运行。

(1)虚拟机安全监控分类

虚拟机安全监控可分为内部监控(图 6-18)与外部监控(图 6-19)两种。

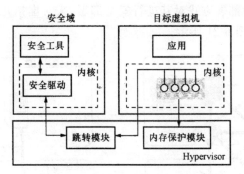

图 6-18 内部监控系统的架构

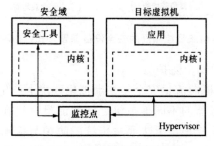

图 6-19 外部监控系统的架构

（2）虚拟机安全防护与检测

1）纵向流量的防护与检测

纵向流量的防护与检测模型如图 6-20 所示。

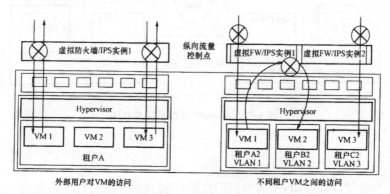

图 6-20　纵向流量模型的主要内容

纵向流量的防护方式与传统数据中心流量的安全防护相比没有本质区别，对纵向流量的防护可以直接借鉴传统的防护方法，将具备内置阻断安全攻击能力的防火墙和入侵检测系统通过旁挂在汇聚层或者是串接在核心层和汇聚层之间的部署方式对其进行安全部署，来对虚拟化环境下的纵向流量进行检测，如图 6-21 所示。

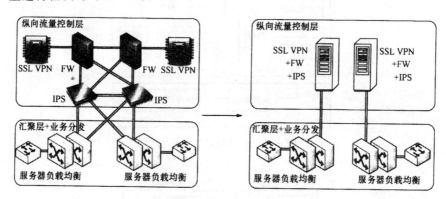

图 6-21　纵向流量控制层的安全设备部署方式（盒式或插卡组合）

2）横向流量的安全防护与检测

虚拟机之间的横向流量安全是在虚拟化环境下产生的新问题。在虚拟化环境下，同一服务器的不同虚拟机之间的流量直接在服务器内部实现交换，使外层网络安全管理员无法通过传统的防护与检测技术手段对虚拟机之间的横向流量进行监控。图 6-22 展示了在虚拟化环境下重点关注的横向流量模型。

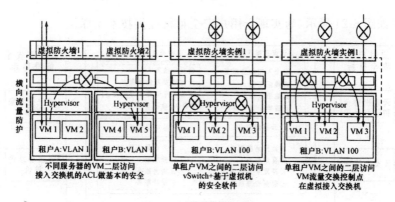

图 6-22　横向流量模型

　　要做到深层次的安全检测,目前主要有两种技术方式,一是基于虚拟机的安全服务模型技术,另外一种就是利用边缘虚拟桥(Edge Virtual Bridging,EVB)技术实现流量重定向的安全检测模型,如图 6-23 所示。

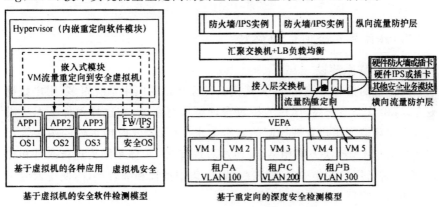

图 6-23　横向流量深度安全的两种防护方式

6.5　安全技术

6.5.1　云计算安全问题分析及应对

1. 云计算安全问题

　　当务之急,解决云计算安全问题应针对威胁,建立一个综合性的云计算安全框架,并积极开展其中各个云安全的关键技术研究。云计算安全技术框架如图 6-24 所示,为实现云用户安全目标提供技术支撑。

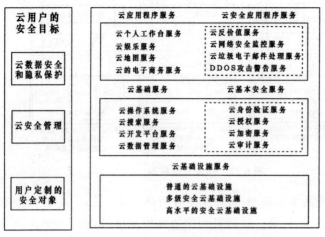

图 6-24　云计算安全技术框架

2. 云计算安全问题的应对

1)4A① 体系建设

与传统的信息系统相比,大规模云计算平台的应用系统繁多、用户数量庞大,身份认证要求高,用户的授权管理更加复杂等,在这样条件下无法满足云应用环境下用户管理控制的安全需求。因此,云应用平台的用户管理控制必须与 4A 解决方案相结合,通过对现有的 4A 体系结构进行改进和加强,实现对云用户的集中管理、统一认证、集中授权和综合审计,使得云应用系统的用户管理更加安全、便捷。

4A 统一安全管理平台是解决用户接入风险和用户行为威胁的必需方式。如图 6-25 所示,4A 体系架构包括 4A 管理平台和一些外部组件,这些外部组件一般都是对 4A 中某一个功能的实现,如认证组件、审计组件等。

4A 统一安全管理平台支持单点登录,用户完成 4A 平台的认证后,在访问其具有访问权限的所有目标设备时,均不需要再输入账号口令,4A 平台自动代为登录。图 6-26 是用户通过 4A 平台登录云应用系统时 4A 平台的工作流程,即对用户实施统一账号管理、统一身份认证、统一授权管理和统一安全审计。

---

①　4A 是指包括用户账号(Account)管理、认证(Authentication)管理、授权(Authorization)管理和安全审计(Audit)等保障信息安全的四个基本要素。

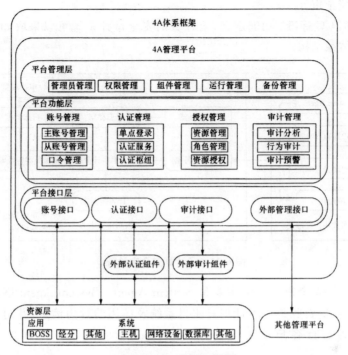

图 6-25　4A 体系架构图

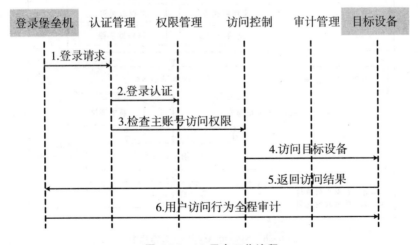

图 6-26　4A 平台工作流程

2)身份认证

云应用系统拥有海量用户,因此基于多种安全凭证的身份认证方式和基于单点登录的联合身份认证技术成为云计算身份认证的主要选择。

3)安全审计

根据 CC 标准①功能定义,云计算的安全审计系统可以采取如图 6-27 所示的体系结构。

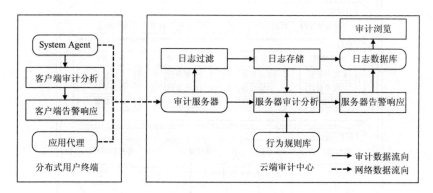

图 6-27　云计算安全审计统

云计算安全审计系统主要是 System Agent。System Agent 嵌入到用户主机中,负责收集并审计用户主机系统及应用的行为信息,并对单个事件的行为进行客户端审计分析。System Agent 的工作流程如图 6-28 所示。

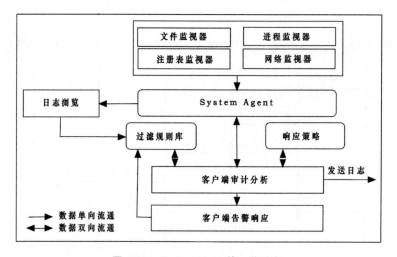

图 6-28　System Agent 的工作流程

----

① 信息技术安全评价通用准则(The Common Criteria for Information Technology security Evaluation,CC),简称 CC 标准。

6.5.2　云数据安全

一般来说,云数据的安全生命周期可分为六个阶段,如图 6-29 所示。在云数据生命周期的每个阶段,数据安全面临着不同方面和不同程度的安全威胁。

图 6-29　云数据的安全生命周期

1. 数据完整性的保障技术

在云存储环境中,为了合理利用存储空间,都是将大数据文件拆分成多个块,以块的方式分别存储到多个存储节点上。数据完整性的保障技术的目标是尽可能地保障数据不会因为软件或硬件故障受到非法破坏,或者说即使部分被破坏也能做数据恢复。数据完整性保障相关的技术主要分两种类型,一种是纠删码技术,另一种是秘密共享技术。

2. 数据完整性的检索和校验技术

(1)密文检索

密文检索技术是指当数据以加密形式存储在存储设备中时,如何在确保数据安全的前提下,检索到想要的明文数据。密文检索技术按照数据类型的不同,可主要分为三类:非结构化数据的密文检索、结构化数据的密文检索和半结构化数据的密文检索。

1)非结构化数据的密文检索

非结构化数据的密文检索主要为基于关键字的密文文本型数据的检索技术。美国加州大学的 Song、Wagner 和 Perrig 三人结合电子邮件应用场景,提出了一种基于对称加密算法的关键字查询方案,通过顺序扫描的线性查询方法,实现了单关键字密文检索。基于顺序扫描的线性查询方案中对明文文件进行加密的基本实现思想如图 6-30 所示。

2)结构化数据的密文检索

结构化数据是经过严格的人为处理后的数据,一般以二维表的形式存在,如关系数据库中的表、元组等。在基于加密的关系型数据的诸多检索技术中,DAS 模型的提出是一项比较有代表性的突破,该模型也是云计算模式发展的雏形,为云计算服务方式的提出奠定了理论基础。DAS 模型为数据库用户带来了诸多便利,但用户同样面临着数据隐私泄露的风险,消除该风险最有效的方法是将数据先加密后外包,但加密后的数据打乱了原有的顺序,失去了检索的可能性,为了解决该问题,Hacigumus 等提出了基于 DAS 模型对加密数据进行安全高效的 SQL 查询的解决方案,该方案的实现框架如图 6-31 所示。

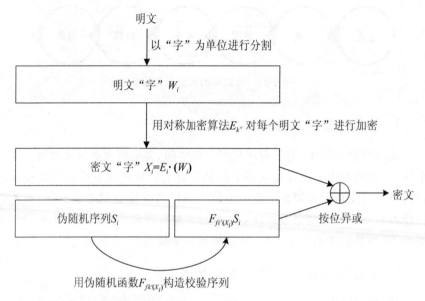

图 6-30　基于顺序扫描的线性查询方案中对明文文件进行加密的基本实现思想

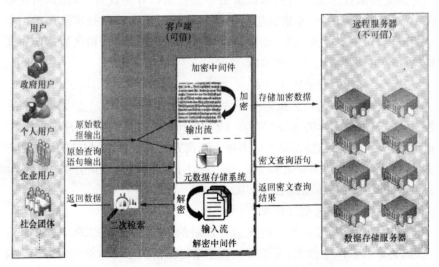

图 6-31　基于加密的关系型数据的检索方案

3)半结构化数据的密文检索

半结构化数据主要来自 Web 数据、包络 HTML 文件、XML 文件、电子邮件等,其特点是数据的结构不规则或不完整,表现为数据不遵循固定的模式、结构隐含、模式信息量大、模式变化快等特点。在诸多基于 XML 数据的密文检索方案中,比较有代表性的方案是哥伦比亚大学的 Wang 和 Lakshmanan 于 2006 年提出的一种对加密的 XML 数据库高效安全地进行查询的方案。该方案基于 DAS 模型,满足结构化数据密文检索的特征,其基本架构和实现流程如图 6-32 所示。

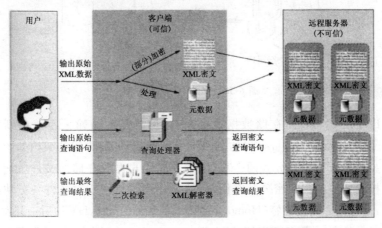

图 6-32　基于加密 XML 数据的检索方案

(2)数据检验技术

目前,校验数据完整性方法按安全模型的不同可以划分为两类,即可取回性证明(Proof of Retrieva bility,POR)和数据持有性证明(Proof of Data Possession,PDP)。

POR 是将伪随机抽样和冗余编码(如纠错码)结合,通过挑战—应答协议向用户证明其文件是完好无损的,意味着用户能够以足够大的概率从服务器取回文件。不同的 POR 方案中挑战—应答协议的设计有所不同。Juels 等首次给出了 POR 的形式化模型与安全定义。其方案如图 6-33 所示,在验证者之前首先要对文件进行纠错编码,然后生成一系列随机的用于校验的数据块,在 Juels 文中这些数据块使用带密钥的哈希函数生成,称为"岗哨"(Sentinels),并将这些 Sentinels 随机插入到文件各位置中,然后将处理后的文件加密,并上传给云存储服务提供商(Prover)。该方案的优点是用于存放岗哨的额外存储开销较小,挑战和应答的计算开销较小,但由于插入的岗哨数目有限且只能被挑战一次,方案只能支持有限次数的挑战,待所有岗哨都"用尽"就需要对其更新。

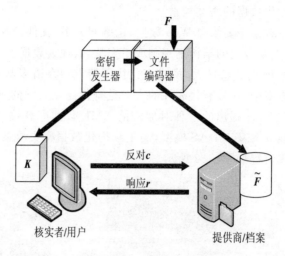

图 6-33　Juels 的 POR 方案

PDP 方案可检测存储数据是否完整,最早是由约翰·霍普金斯大学(Johns Hopkins University)的 Ateniese 等提出的,其方案的架构如图 6-34 所示。这个方案主要分为两个部分:首先是用户对要存储的文件生成用于产生校验标签的加解密公私密钥对,然后使用这对密钥对文件各分块进行处理,生成同态校验标签(Homomorphic Veriftable Tags,HVT)后一并发送给云存储服务商,由服务商存储,用户删除本地文件、HVT 集合,只保留公私密钥对;需要校验的时候,由用户向云存储服务商发送校验数据请求,云服务商接收到后,根据校验请求的参数来计算用户指定校验的文件块的 HVT 标签及相关参数,发送给用户,用户就可以使用自己保存的公私密钥对实现对服务商返回数据,最终根据验证结果判断其存储的数据是否具有完整性。

3. 数据完整性事故追踪与问责技术

云计算包括三种服务模式,即 IaaS、PaaS 和 SaaS。在这三种服务模式下,安全责任分工如图 6-35 所示。

从图 6-35 中可以看出,从 SaaS 到 PaaS 再到 IaaS,云用户自己需要承担的安全管理的职责越来越多,云服务提供商所要承担的安全责任越来越少。但是云服务也可能会面临各类安全风险,如滥用或恶意使用云计算资源、恶意的内部人员作案、共享技术漏洞、数据损坏或泄露以及在应用过程中形成的其他不明风险等,这些风险既可能是来自于云服务的供应商,也可能是来自于用户;由于服务契约是具有法律意义的文书,因此契约双方都有义务承担各自对于违反契约规则的行为所造成的后果。在这样情况下,为保障云存储的安全,可问责性(Accountability)应运而生,这对于用户与服务商双方来说都具有重要的意义。

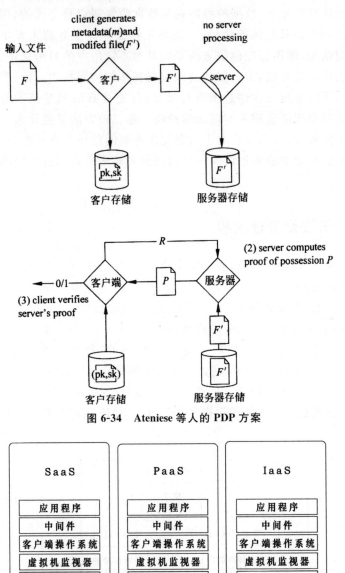

图 6-34 Ateniese 等人的 PDP 方案

图 6-35 不同云服务模式下,云用户和云服务提供商的安全责任分工

4. 数据访问控制

在云计算环境下,数据的控制权与数据的管理权是分离的,因此实现数据的访问控制只有两条途径,一条是依托云存储服务商来提供数据访问的控制功能,即由云存储服务商来实现对不同用户的身份认证、访问控制策略的执行等功能,由云服务商来实现具体的访问控制,另一条则是采用加密的手段通过对存储数据进行加密,针对具有访问某范围数据权限的用户分发相应的密钥来实现访问控制。第二种方法显然比第一种方法更具有实际意义,因为用户对于云存储服务商的信任度也是有限的,因此目前对于云存储中的数据访问控制的研究主要集中在通过加密的手段来实现。

6.5.3　云安全管理流程

云安全管理作为保障云安全中的重要一环,需要在充分参照信息安全管理体系的基础上,结合云计算自身的特点以及云计算中部署的各项安全技术,构建出云安全管理流程,有层次、有针对性地部署安全管理措施,形成一个完整的、切实有效的云安全管理体系。

管理学中的"PDCA"循环适用于所有 ISMS 过程。PDCA 是"Plan""Design""Check"和"Action"这四个英文单词的首字母组合,PDCA 循环就是按照"规划—实施—检查—处理"的顺序进行产品、服务等的质量管理,并且循环不止地进行下去的科学程序。适用于 ISMS 过程的 PDCA 模式如图6-36 所示。

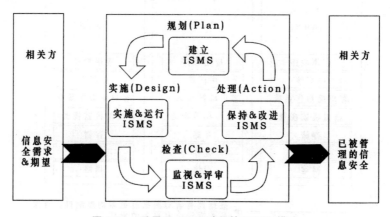

图 6-36　适用于 ISMS 过程的 PDCA 模式

1. 规划

在云安全管理的规划阶段,首先要规划出云安全管理体系的整体目标,为各项管理措施的制定和检查提供指导;其次要为云安全管理提供组织保障,使云安全管理能够顺利进行。

(1)云安全管理体系的目标

云安全管理体系作为云安全体系的重要组成部分,主要目标就是通过各项管理措施增强云服务的安全性,并且在安全性和性能之间达到平衡,如图 6-37 所示。

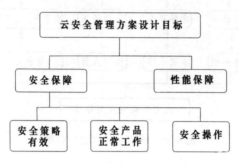

图 6-37　云安全管理方案设计目标

1)安全保障

云安全管理体系需要通过实施各项管理措施,保障安全技术的有效性、安全产品的可用性以及人为操作的合规合法性,从而保障云计算安全。

2)性能保障

为了实施云安全管理方案,必然要部署一些安全管理产品,这些设备在工作时可能需要对流经的数据进行捕获和分析,这可能会降低云服务对用户请求的响应速度,影响云服务的性能。因此在设计云安全管理方案时,一定要考虑安全产品的部署和运行对云服务性能的影响程度,在高安全和高性能之间达到一个平衡。

(2)云安全管理组织保障

云安全管理组织体系应包括云安全管理领导体系、指导体系、管理体系和安全审计监督体系这四个子体系,不同的子体系有不同的职责。这些职责需要由专门的人员来承担,因此云安全管理组织体系和云安全管理人员体系相对应,两者的每个子体系也一一对应,如图 6-38 所示。

2. 实施

在云安全管理的实施阶段,需要建立起云安全管理体系的基本框架,明确应该从哪些方面部署云安全管理措施。由于云安全技术和云安全管理是云安全体系的两大组成部分,两者相辅相成、不可分割,因此云安全管理体系可依照云安全技术体系进行构建,如图 6-39 所示。云安全管理体系按照自底向上的顺序,可分为三层:物理安全管理、IT 架构安全管理、应用安全管理;另外,由于数据安全需要通过在云平台的各个层面部署安全技术来保障,因此数据安全管理也应从全局出发,贯穿于云安全管理体系的各个层面。

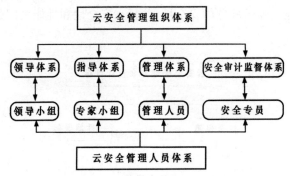

图 6-38　云安全管理组织保障

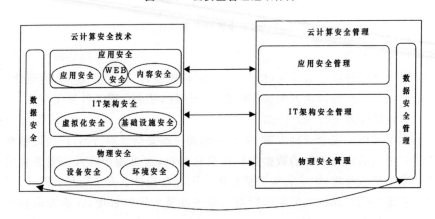

图 6-39　云安全管理方案的总体架构

（1）物理安全管理

物理层安全管理的目的是保障云计算中心周边环境的安全及云计算中心内部资产的安全,可分为资产的分类和管理、安全区域管理、设备管理、日常管理这四个方面。

1）资产的分类和管理

云服务提供商需要指定特定人员,对云计算中心的软硬件等资产进行统计并形成资产清单,资产清单中应包括资产类型、资产数量、资产所在位置、许可证信息、资产的价值等信息,便于随时进行查验。另外,需要根据资产的价值和安全级别对资产进行分类,确定各类资产的保护级别。

2)安全区域管理

对存储及处理敏感信息的区域,需要部署适当的访问控制措施,以确保只有授权的人员才能进入这些区域,且要对访问者的姓名、进入和离开安全区域的时间进行记录,要有相关人员监督访问者在安全区域进行的所有操作,使用摄像头对各种行为进行监控等。

3)设备管理

首先要保护设备不被窃取。并采取一定的保护和控制措施,将火灾、爆炸、烟雾、水电故障等事故对设备性能的影响降到最低。要重点保护存储和处理敏感信息的设备,采取访问控制措施来防止非授权访问导致的敏感信息泄露。另外,要定期对设备进行检查和维修,将设备出现的故障及维修信息记录下来。

4)日常管理

需要增设巡逻警卫和看守人员,对云计算中心周围的环境进行监管,并及时查看摄像头中记录的信息,发现异常情况及时上报。这些人员的上下班信息也应有详细记录,以便在出现安全事故时追究相关人员的安全责任。

(2)IT 架构安全管理

IT 架构既包括网络、主机等基础设施的部署,也包括各种虚拟化技术的使用,因此 IT 架构安全管理的目的是保障 IT 架构中基础设施的正常工作以及虚拟化平台的安全,如图 6-40 所示。

(3)应用安全管理

应用安全管理处于云安全管理体系的最顶层,云用户在通过身份认证之后,以相应的权限来访问和使用云服务平台中的各种应用,因此应用安全管理的主要目标是对用户的身份和权限进行管理,防止非授权的访问和操作,并防止不良信息的流传。为达成该目标,可从身份管理、权限管理、策略管理和内容管理这四个方面部署管理措施。

3. 检查

在云安全管理的检查阶段,需要对云安全管理体系的各个方面进行审查,以评估云安全管理的各项措施是否有效,云安全管理方案是否全面合理,发现可能影响云安全的措施和事件。审查过程和结果需要有详细的记录,以便为改进云安全管理体系提供指导。对云安全管理体系的检查主要从三方面进行,如图 6-41 所示。

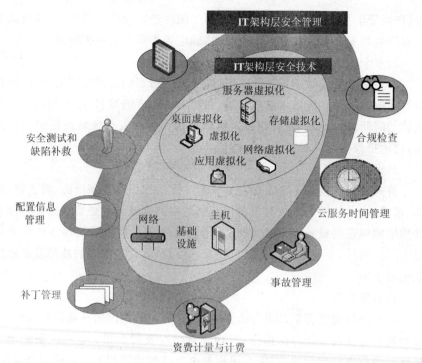

图 6-40　IT 架构安全管理

图 6-41　对云安全管理体系的检查

4. 处 理

在云安全管理的处理阶段,需要根据检查阶段生成的审查记录纠正管理过程中的不足,并预防可能出现的问题。改进过程需向专业人员进行咨询,即如果云安全管理体系不符合法律法规的要求,则需要咨询有经验的法律顾问或合格的法律从业人员,获取改进建议;如果不符合相关标准的要求,则需要向专门从事该标准研究工作的研究人员进行咨询;如果管理措施存在不足,则需要咨询安全管理人员或信息安全领域有经验的技术人员,根据他们的建议来改进或增加管理措施。另外,该阶段做出的所有改进措施都应有详细的记录,且该记录需要和审查记录一一对应,以便于核实改进措施是否有效。

6.6　云数据中心的规划与建设

6.6.1　云数据中心建设过程中提供的服务

云数据中心的规划与建设主要体现在:通过提供针对数据中心 IT 规划、架构设计、建设实施全方位的服务,为企业提供由内到外统一的基础架构平台服务,建设基于 IaaS 云计算平台的新一代数据中心(图 6-42)。云数据中心将改变模式单一、重复建设、各自为阵的状态,最终实现一切皆服务,帮助解决传统数据中心不断上升的基础架构成本、维护成本,资源交付速度慢、系统建设周期长、业务弹性差及不断上升的能源需求等诸多问题,通过建设基础架构共享、资源共享、集中管理的 IT 系统,满足企业业务发展的需要。

图 6-42　基于 IaaS 云计算平台的新一代数据中心规划

在云数据中心建设过程中,应提供全面的服务,主要有以下几类。

①IT 规划咨询服务(图 6-43)。

②云计算架构设计和实施服务。

③资源整合和迁移服务。

围绕云数据中心的建设,应开发多个解决方案,且每个解决方案均有专业的售前支持团队和售后实施团队,这些解决方案不是分散而无关的,而是针对用户的不同情况,在各方面均给予综合考虑,以最优的设计方案来满足用户的需要,并兼顾其他方面的后继需求。

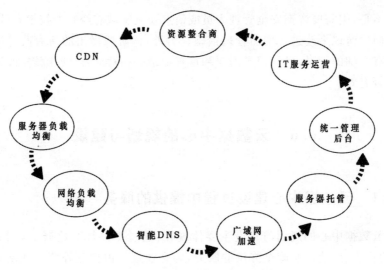

图 6-43　IT 基础设施对外提供的服务

6.6.2　云数据中心的建设阶段

1. 云数据中心建设阶段的技术路线

在云数据中心的建设阶段，与第三代互联网数据中心相同，也需要考虑以下各个子系统：供配电、空气调节、机柜、布线、监控、防雷接地、安防、消防等。所不同的是，每一个子系统都需要将考虑的核心因素，从"追求高可用性"转移到"利用云计算技术便利追求低成本"方面来，主要方法是改变建设理念、追求节能且低成本的基础设施设备，具体的技术路线是模块化、智能化、节能化、双层融合和双层分离。

（1）模块化

指的是系统级的模块化，它能够缩短建设周期、便于进行模块级的可用性管理、进行模块级和数据中心级的能效管理。

（2）智能化

指的是系统级的自动化，它能实现各层设备之间的互动、数据中心级的自动控制，便于实现设备级、模块级、数据中心级的可用性管理和能效管理。

（3）节能化

主要指设备级别的高能效指标的产品设计与选择。

（4）双层融合

指的是信息系统设备（或称"数据中心主设备"，指服务器设备、存储设备和通信设备）层面与基础设施设备（或称"数据中心机房设备"，指供电、空调等设备)层面的融合,即两种设备在设计上的协调和统一、在物理结构和外观上的一体化,它为模块化、智能化、节能化带来技术便利,也是提高运营管理水平的前提条件。

(5)双层分离

指的是数据中心基础设施层面与建筑基础设施层面的分离,即切断两层之间的关联,将前者从后者物理结构的束缚中剥离、解放出来,将建设过程中尽量多的现场工程实施工作,通过所谓的"工程产品化",转移到工厂中去,其结果是降低了工程实施过程对数据中心可靠性、可用性的贡献度,同时也将工程实施周期前移至产品生产过程中去。这可以显著提高建设速度,降低工程实施的离散性,提高数据中心的可靠性、可用性、灵活性。

2. 云数据中心建设阶段涉及的主要子系统

(1)云数据中心的供配电子系统

现有的已经产品化或处于小规模试用阶段的新技术有高压直流 UPS 及配电技术、机柜—服务器一体化供电技术、磁悬浮动态 UPS 技术、机柜排级配电管理技术、旁路经济运行技术等;处于产品开发阶段的新技术有机房级电源系统动态智能管理技术等;处于技术研究阶段的新技术有温差发电、光伏发电、风力发电并网技术等。

(2)云数据中心的空调子系统

现有的已经产品化或处于小规模试用阶段的新技术有排级和池级水平和垂直就近送风技术、多联机技术、风侧和水侧自然冷却技术、氟泵自然冷却技术、温湿解耦技术、室外机蒸发冷却技术、热回收技术、机柜—服务器一体化散热技术等;处于产品开发阶段的新技术有液冷服务器技术、直冷服务器技术、江水冷源技术等;处于技术研究阶段的新技术有温差发电、高温机房冷却技术等。

(3)云数据中心的监控子系统

现有的已经产品化或处于小规模试用阶段的新技术有柜级、排级和池级自动送风控制系统等;处于产品开发阶段的新技术有机房级空调集中自动控制系统等;处于技术研究阶段的新技术有机房级 UPS 集中自动控制技术等。

(4)云数据中心的装饰装修系统

现有的已经成熟应用或处于小规模试用阶段的新技术有被动新风控制技术、围护结构绝湿技术等。

3. 云数据中心的建设成本要素

云数据中心的建设成本,主要表现形式是建设阶段的建筑成本、设备采购成本、工程实施费用、建设周期带来的技术成本等。运营费用,则集中表现在用电费用(更积极一点的说法是"数据中心节能")方面,其次是人工费用方面。数据中心节能,从云数据中心使用者的需求来看,是个体层面经济性需求;但从节能减排角度来看,是国家高度的战略要求。另外,云数据中心节能除了与运营调度的管理水平有关之外,还与系统设计、设备选型有关,所以必须要在建设阶段考虑进去。

事实上建设一个云数据中心的成本除了传统数据中心的建设成本:土地成本、土建成本、电力电源设施、基础网络、网络安全设施建设、空调及消防设施建设、机房内饰、网络布线及机架建设、客户专区、监控专区及外围设施建设外,还要考虑 IT 设备采购及建设与虚拟化软件、云计算管理系统及相关系统的建设。

6.7　大数据分析

大数据平台可以存储所有类型的数据,从简单的文件存储,到不强调一致性的非关系型数据库存储。得益于自身基础设计理念,大数据平台可以无限扩展。如果大数据平台在云端运行维护,那么它的灵活性将更强。从概念上讲,存储数据是大数据应用中最易于实现的部分。

光有大数据还不够。那么,在大数据平台上存储了足够多的数据后,该怎么将其加以利用呢? 分析大数据,并将分析结果应用于决策中才是最重要的事情。预测分析是大数据分析领域中的一个常用模式,它通过分析采集的数据来预测未来的行为或趋势。它根据事物的过去和现在估计未来,根据已知预测未知,从而减少对未来事物认识的不确定性,以用来指导我们的决策行动,减少决策的盲目性。在大数据分析领域,预测分析常常与预测模型、机器学习和数据挖掘有关。对于一个政府部门而言,通过预测分析来精准把握政府工作的重点。比如,云升科技帮助湖州市公安局分析来自各个渠道的海量群众诉求,预测下个月的警务工作热点,从而帮助湖州市公安局合理安排警力,最终实现民意引领警务。美国的医疗决策支持系统基于预测分析来判断某些人得某些疾病的风险,并基于当前的健康状态给出最正确的医疗决定。国内的很多金融企业通过预测分析来实现业务的风险控制。比如,某银行分析其客户的消费数据和基本数据,从而预测该客户的信用卡和贷款的偿还能力。环保部门用数据决策,利用环保大数据综合研判,制定环境政策措施,预警环境风险,提供环境综合治理科学化水平。

除了预测分析,还有关联分析。关联分析的目的在于,找出数据之间内在的联系。比如,购物篮分析,即消费者常常会同时购买哪些产品(例如,游泳裤、防晒霜),从而有助于商家的捆绑销售。

小 结

本章首先对云数据中心进行了介绍,在当前科技水平下,云数据中心是一种基于云计算架构的,计算、存储及网络资源松耦合,完全虚拟化各种 IT 设备,模块化程度较高、具备较高绿色节能程度的新型数据中心。同时本章还阐述了网络融合技术、云数据中心节能技术、虚拟化技术、安全技术等云数据中心新技术,对云数据中心的规划建设提出了对策建议。

第7章　大数据与数据挖掘技术

　　一个数据集是否有价值、是否值得去开发、能否挖掘出价值,能否在常规期望的时间内挖掘出价值,是使用者最关心的核心问题。因此,价值和时效是大数据的核心内涵。

　　从大数据与相关技术的关联关系上来看,互联网、物联网、云计算等技术的发展为大数据提供了基础。互联网、物联网提供了大量数据来源;云计算的分布式存储和计算能力提供了技术支撑;而大数据的核心是数据处理。其中传统的数据处理技术经过演进依然有效,新兴技术还在不断探索和发展中。数据挖掘技术成为高效利用数据、发现价值的核心技术。

7.1　大数据与数据挖掘的关系

7.1.1　高速聚集的大数据为数据挖掘提出新的挑战性课题

　　随着网络技术和基于网络应用的发展,许多商业数据具有高速的数据聚集特点。如一个社交媒体(微博、微信、QQ等)可能每时每刻都有新数据聚集;一个像股票、电子商务等网站的交易数据更是以极大的速度来产生。因此,传统的数据挖掘技术和方法很难适应这样的变化。幸运的是,数据挖掘的一个新的研究分支——数据流(Data Stream)已经被提出,并且得到了广泛的关注。

　　简单地说,数据流是指速度连续到达的大容量数据项序列。因此,面向数据流的数据挖掘应该是一个在线式的、流动式的、增量式的知识发现过程。在线式是指不能期望把所有快速流动的数据都存储下来再统一进行分析挖掘,所以,必须在线式地完成数据收集、整理和分析工作。特别的,传统的多遍扫描完整数据集的挖掘方法是无法使用的,需要数据的单遍扫描技术来支撑。流动式是指数据随着时间变化对应的知识模式也会变化,因此,必须在数据流动的过程中及时发现模式变化规律。增量式则是强调模式的挖掘策略,由于数据的快速流动,过去的数据很难被重复利用,因此,必须及时使用新达到的数据来增量式地更新已有模式,模式更新和数据聚集同步进行。毋庸置疑,数据流挖掘的对象及目标正是解决快速聚集的大数据分析所需要的。

7.1.2 数据挖掘技术涉及多学科的知识节点

主要涉及的有数理统计、概率论、数据库技术、软件工程设计等。一个完整的数据挖掘过程一般由下列步骤迭代完成:①数据清洗;②数据集成;③数据选择;④数据变换;⑤数据挖掘;⑥模式评估;⑦知识表示。①~④是数据预处理,做好数据预处理是数据挖掘成功的前提;⑤~⑥是数据挖掘,模型的准确选择是成功的关键;⑦是知识表示,制作一个漂亮的报表是模型效果展示的必备。无论是数据预处理还是建模过程、建模评价,建模师的经验和知识水平直接关系到上面几个步骤的处理的效率和效果,一个好的数据挖掘工具应该将这些经验转变为机器可以学习的知识,使数据挖掘过程能够快速准确地完成。

7.1.3 选择最好的数据挖掘工具

目前处于大数据时代的早期,有些号称数据挖掘的产品其实还不能解决大数据环境下的数据挖掘。那么,在不同的数据挖掘技术之间,如何来评判其高下优劣呢?

评判的标准可以是评估哪一种技术能高效准确地解决实际问题。比较简单的方法,可以通过最直接的比较,就是"打擂台",俗称 PK。即 PK 双方在同一个项目上(最好是仅为验证效果的小项目)做数据挖掘,看谁的结果更准更快,便知孰高孰低了。

再则,还可以了解一下,该数据挖掘软件是否已经在银行等金融行业得到运用。因为金融业是对数据挖掘要求最高的行业,也是最先开展大数据挖掘的领军行业,它对预测模型的稳定性要求极高,因为其直接与该行业的风险与收益挂钩。如果某个数据挖掘软件系统被银行选中,得到银行的认可,也是验证其数据挖掘能力的好方法。

另外,也可关注其数据挖掘产品是一个"解决方案",还是一个真正的成型成熟的产品。一般来说,"解决方案"往往是个框架,做数据挖掘项目还要针对客户的需求做再研发、再定制的工作,且"再研发、再定制"能做到什么程度还是一个未知数,"解决"问题的时间长且结果难测。而有成型成熟数据挖掘产品的则更为可靠,其运行稳定、功能较为完善,其成功案例也可参照参考,项目成功率就会高出很多。

7.2　数据挖掘的核心思想和主要功能

7.2.1　数据挖掘的基础知识和核心思想

数据库中的知识发现(Knowledge Discovery in Database,KDD)是一个从数据库中挖掘有效的、新颖的、潜在有用的和最终可理解的模式的复杂过程。其中,数据挖掘技术便是 KDD 中的一个最为关键的环节(图 7-1)。

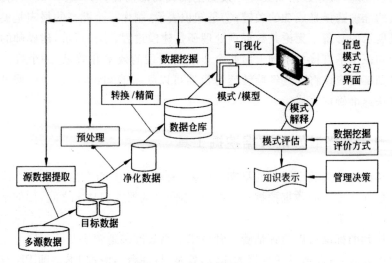

图 7-1　KDD 过程示意图

1. 数据挖掘与其他学科之间的关系

数据挖掘在过去十多年来取得了非常快速的发展,有了广泛的行业应用,其主要驱动力是存在大量的数据,并且迫切需要将这些数据转换成有用的信息和知识。数据挖掘跟很多学科都交叉关联,这其中包括数据库技术、统计学、机器学习、人工智能、高性能计算、可视化等,如图 7-2 所示。在大数据时代,数据挖掘自然也需要跟云计算、大数据技术紧密关联。

数据挖掘是海量有用数据快速增长的产物。因为面临着处理数据库中大量数据的挑战,于是数据挖掘应运而生,对于这些问题,它的主要方法是数据统计分析和机器学习技术。而数据库作为数据的载体和管理工具,也为数据挖掘提供技术支撑。大体上看,数据挖掘可以视为统计学、机器学习和数据库的交叉,它主要利用统计学来提供理论基础,利用机器学习提供的技术来分析海量数据,利用数据库提供的技术来管理海量数据。

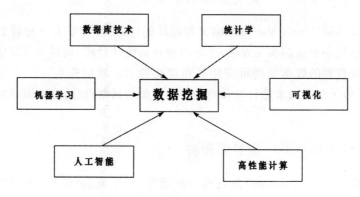

图 7-2　数据挖掘与其他学科

2. 降维——数据挖掘的新视角

从降维的角度来说,整个数据挖掘的过程其实就是一个降维的过程,在这个过程中我们可能会对数据做 ETL,删除一些线性关系比较强的特征数据,再用一些其他算法,如像信号分析算法、傅里叶转换(FT)、离散小波转换(DWT)、希尔伯特黄转换(HHT)等算法,从数据中提取特征,再对数据做 PCA(主成分析)处理,得到最后的特征,再用数据挖掘算法来将这些特征转化为人类可读取的数据或知识。一个比较典型的数据挖掘特征提取与降维过程如图 7-3 所示。

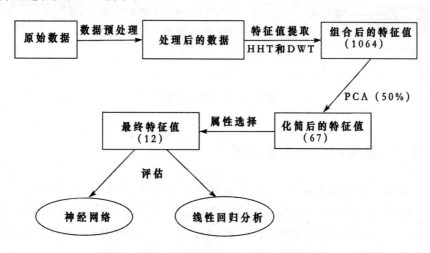

图 7-3　典型的数据挖掘特征提取与降维过程

3. 交叉验证——模型效果的检验方式

交叉验证(Cross Validation)又称循环估计,是统计学上一种将数据样本切割成较小子集的实用方法,主要用来评估统计分析、机器学习算法对独立于训练数据的数据集的可应用性和泛化能力。可以先在一个子集上分析,而其他子集则用来进行检验及验证。子集包括两部分,分为训练集和验证集。

4. 过度拟合——模型的陷阱

过度拟合(Overfitting)是这样一种现象,一个模型(假设)在训练数据上能够获得比其他假设更好的拟合,但是在训练数据之外的数据集上却不能很好地拟合数据,我们就说这个模型(假设)出现了过度拟合的现象。简而言之,就是模型适应训练数据过度,导致在测试数据上结果很差,出现这种现象的主要原因是训练数据中存在噪声或训练过度。解决 Overfitting 的方法主要是在出现过度拟合前停止对模型的训练,图 7-4 中从时间 t 开始便出现了过度拟合的问题。

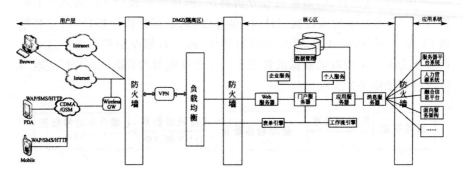

图 7-4　过度拟合问题

7.2.2　数据挖掘的主要功能

数据挖掘的实际应用功能可分为三大类和六子项:分类(Classification)和聚类(Clustering)属于分类区隔类;回归(Regression)和时间序列(Time-series)属于推算预测类;关联(Association)和序列(Sequence)则属于序列规则类。

7.3　数据挖掘的内容与主要方法

7.3.1　分类算法并行化分析

针对传统的常用分类算法,在给出算法基本原理的基础上,对其进行简单的 MapReduce 并行化分析,如表 7-1 所示。

表 7-1　分类算法并行化分析

名称	基本原理	效率分析	MapReduce 并行化分析
C4.5	C4.5 算法是一种决策树算法,是对 ID3 算法的改进,包括用信息增益选择属性、在构造树的过程中进行剪枝、属性的离散化处理等	时间复杂度为 $O(nm^2+kmn)$,空间复杂度为 $O(n)$	C4.5 算法在决策树构造的过程中,最耗时的阶段是属性数据的统计,可把每层决策树生成前的属性统计进行并行化处理。计算简单,适合 MapReduce 并行化
KNN	KNN 算法是根据距离函数计算待分类样本 x 距离最小的 K 个样本作为 x 的 K 近邻,最后根据 x 的 K 近邻判断 K 的类别	时间复杂度为 $O((n+m)d+km)$,空间复杂度为 $O(km)$	KNN 算法可分为三个部分:第一部分是距离的计算;第二部分是排序并选择 K 近邻;第三部分是投票决策。对距离的计算、投票决策均可以并行实现。计算不简单,适合 MapReduce 并行化
Bayes	利用贝叶斯原理,通过计算待分类数据可能类别的最大后验概率,确定最终的类别	时间复杂度为 $O(nkm)$,空间复杂度为 $O(\|V\|km)$	Bayes 算法的训练和测试均可以并行执行:训练时将整个训练样本集分成若干部分,在每个部分上统计频率,然后把统计结果相加实现;测试时也可将测试样本集分成若干部分,对每个部分分别进行测试,最后将测试结果汇总输出。算法并行计算相对简单,可进行 MapReduce 并行化

名称	基本原理	效率分析	MapReduce 并行化分析
SVM	在线性条件下,在原空间寻找两类样本的最优分类超平面;而在非线性条件下,首先将原始模式空间映射到高维的特征空间,然后在该特征空间中寻找最优分类超平面	时间复杂度为 $O(mn^2)$,空间复杂度为 $O(lm)$	算法内部计算太复杂,不太适合 MapReduce 并行化
神经网络	神经网络是人脑思维模拟系统的一个复杂的结构模拟,是多个神经元连接而成的多层网络,可模仿基本形式的人脑神经元的功能。实质上,神经网络是一个不依赖于模型的自适应函数估计器,不需要模型就可以实现任意的函数关系	时间复杂度为 $O(nmT)$,空间复杂度为 $O(lm)$	尽管神经网络能够并行处理,但是因为具有学习能力、适应能力和容错特征,算法复杂度很高,不太适合 MapReduce 并行化

注:n 为训练样本个数,m 为训练数据特征维数,k 为每一维属性不同属性的数目。特别地,对于 KNN 算法,k 为近邻的个数;对于 Bayes 方法,$|V|$ 为不同目标值的个数;对于 SVM 算法,l 为支持向量的个数;对于神经网络算法,T 为迭代周期数,l 为隐层单元个数。

7.3.2　聚类算法并行化分析

针对常用的聚类算法,在给出算法基本原理的基础上,对其进行简单的 MapReduce 并行化分析,如表 7-2 所示。

表 7-2　聚类算法并行化分析

名称	基本原理	效率分析	MapReduce 并行化分析
K-means	K-means 算法首先随机地选择 k 个对象,每个对象代表一个簇的初始均值和中心;对剩余的每个对象,根据其与各个簇的均值的距离,将其指派到最相似的簇。然后计算每个簇的新均值。这个过程不断重复,直到准则函数收敛	时间复杂度为 $O(nki)$,空间复杂度为 $O(k)$	K-means 算法从逻辑功能上分为三部分:聚类中心初始化、迭代更新聚类中心、聚类标注;这三部分均可以并行计算。其中的并行化计算相对简单,适合 MapReduce 并行化

名称	基本原理	效率分析	MapReduce 并行化分析
CLARANS	CLARANS 算法与 K-means 算法一样,也是以聚类中心划分聚类的,一旦 k 个聚类中心确定了,聚类马上就能完成。不同的是,K-means 算法以类簇的样本的均值代表聚类中心,而 CLARANS 算法采用在每个簇中选出一个实际的对象代表该簇。其余的每个对象聚类到与其最相似的代表性对象所在的簇中	时间复杂度为 $O(n^2)$,空间复杂度为 $O(ks)$	CLARANS 算法从逻辑功能上分为三部分:聚类中心和邻居样本初始化、迭代更新聚类中心、聚类标注;这三部分均可以并行计算。其中的并行化计算相对简单,适合 MapReduce 并行化
DBScan	DBScan 算法是一种基于密度的聚类算法,与划分和层次聚类算法不同,它将簇定义为密度相连的点的最大集合,能够把具有足够高密度的区域划分为簇,并可在有噪声的空间数据中发现任意形状的聚类	时间复杂度为 $O(n^2)$,空间复杂度为 $O(n)$	DBScan 算法从逻辑功能上分为三部分:样本抽样、对抽样样本进行聚类、聚类标注;这三部分均可以并行计算。其中的并行化计算相对简单,适合 MapReduce 并行化
BIRCH	BIRCH 算法利用层次方法的平衡迭代规约和聚类,是一个综合的层次聚类方法,它用聚类特征和聚类特征树概括聚类特征,该算法通过聚类特征可以方便地进行中心、半径、直径及类内、类间距离的计算	时间复杂度为 $O(n)$,空间复杂度为 $O(n)$	算法不适合对分割的数据进行处理,而且是增量计算的,不适合 MapReduce 并行化
Chameleon	Chameleon(变色龙)算法是在一个层次聚类中采用动态模型的聚类算法。在它的聚类过程中,如果两个簇间的互联性和近似度与簇内部对象间的互联性和近似度高度相关,则合并这两个簇。基于动态模型的合并过程有利于自然的聚类的发现,而且只要定义了相似度函数就可应用于所有类型的数据	时间复杂度为 $O(n^2)$,空间复杂度为 $O(n)$	算法不适合对分割的数据进行处理,不适合 MapReduce 并行化

续表

名称	基本原理	效率分析	MapReduce 并行化分析
STING	STING 算法是一种基于网格的多分辨率聚类技术,它将空间区域划分为矩形单元,针对不同级别的分辨率,通常存在多个级别的矩型单元,这些单元形成了一个层次结构:高层的每个单元被划分为多个第一层的单元	时间复杂度为 $O(n)$,空间复杂度为 $O(l)$	算法的数据分割并不是简单的块分割,其内部并行机制不适合 MapReduce 并行化

注:n 为样本个数,k 为类簇个数,i 为算法迭代次数,s 为每次抽样的个数,d 为样本的属性个数。

7.3.3 关联算法并行化分析

针对常用的传统关联分析算法,在给出算法基本原理的基础上,对其进行简单的 MapReduce 并行化分析,如表 7-3 所示。

表 7-3 关联分析算法并行化分析表

名称	基本原理	效率分析	MapReduce 并行化分析
FP-growth	FP(Frequency Pattern)-growth(频繁模式增长)算法也是决策树算法,在产生候选项目集时采用模式增长的方法递归挖掘全部频繁模式,并且仅需扫描事务数据库两次。它采用分而治之的思想:在经过第一遍扫描后,将提供频繁项集的事务数据库压缩成一棵频繁模式树(或称为 FP-Tree),但仍保留项集关联信息。然后,将这种压缩后的事务数据库分成一组条件数据库(一种特殊类型的投影数据库),每个条件数据库关联一个频繁项集,并分别挖掘每个条件数据库	时间复杂度为 $O(ntlogt+2^t)$,空间复杂度为 $O(nt+2^t)$	FP-growth 算法需要扫描两次事务数据库:第一次是找出事务数据库中频繁一项集;第二次是根据降序排序后的频繁一项集,建立频繁模式增长树;最后通过遍历频繁模式增长树进行关联规则的挖掘,这三部分均可以并行化进行。算法并行化相对简单,适合 MapReduce 并行化

续表

名称	基本原理	效率分析	MapReduce 并行化分析
WFP	基于加权的优化算法（Weighted Frequency Pattern，WFP）是在 FP-growth 算法的基础上，发现频繁一项集，然后构建频繁模式增长的兄弟孩子树，通过遍历构造的频繁模式树找到频繁项集，最后从加权频繁项集计算出满足加权最小支持度和最小置信度的强关联规则	时间复杂度为 $O(nt\log t+2^t)$，空间复杂度为 $O(nt+2^t)$	WFP 算法中，有两部可使用并行化：发现频繁项集一项集、构建频繁模式增长的兄弟孩子树并找到频繁项集。算法并行化相对简单，适合 MapReduce 并行化
Apriori	Apriori（先验算法）通过项目集数目的不断增加逐步完成频繁项目集发现。算法大体分为两步：第一步，从根据候选项目集生成的逐层迭代找出频繁项目集；第二步，产生关联规则	时间复杂度为 $O(n2^t)$，空间复杂度为 $O(2^t)$	Apriori 算法通过迭代的方法逐步发现频繁 k 项集，在每次迭代过程中，需要扫描事务数据库获取候选项集中每个项集的支持度计数，这一操作可以采用并行化。算法并行化相对简单，适合 MapReduce 并行化
Sampling	Sampling 算法属于基于抽样的优化算法：先使用数据库的抽样数据得到一些可能成立的规则，然后利用数据库的剩余部分验证这些关联规则	时间复杂度为 $O(n/k\times 2^t)$，空间复杂度为 $O(2^t)$	本算法中用于发现大项目集的算法（如 Apriori 算法）内部可进行并行化，故整个算法可实现并行化。算法并行化相对简单，适合 MapReduce 并行化
Partition	Partition 算法属于基于划分的优化算法：首先将大容量的数据库从逻辑上分成几个互不相交的块，每块用关联挖掘算法（如 Apriori）生成局部的频繁项目集，然后把这些局部的频繁项目集作为候选的全局频繁项目集，通过测试它们的支撑度得到最终的全局频繁项目集	时间复杂度为 $O(n\times 2^t)$，空间复杂度为 $O(2^t)$	本算法中用于发现大项目集的算法（如 Apriori 算法）内部可进行并行化，故整个算法可实现并行化。算法并行化相对简单，适合 MapReduce 并行化

名称	基本原理	效率分析	MapReduce 并行化分析
DHP	基于哈希的优化算法(Direct Hashing and Pruning,DHP)利用散列技术改进产生 2 频繁项目集的方法:把扫描的项目放到不同的哈希桶中,每对项目最多只可能在一个特定的桶中,这样可以对每个桶中的项目子集进行测试,减少了候选集生成的代价	时间复杂度为 $O(n2^t)$,空间复杂度为 $O(2^t)$	此算法内部不适合 MapReduce 并行化

注:n 为样本个数,t 为属性个数,k 为总样本与抽样样本的比值,m 为群大小。

7.3.4　序列分析

序列分析用来发现一系列事件中的模式,这一系列事件称为序列。下面主要介绍基于离散傅里叶变换的时间序列相似性快速查找。

在介绍此类问题的解决方法之前,先给出序列及序列的相似性问题中用到的符号及其意义。

$X=\{x_t|t=0,1,2,\cdots,n-1\}$代表一个序列。

Len(X)代表序列 X 的长度。

First(X)代表序列 X 的首个元素。

Last(X)代表序列 X 的终了元素。

$X[i]$代表 X 在 i 时刻的取值,$X[i]=x_i$。

序列上元素之间的"<"关系,在序列 X 上,如果 $i<j$,那么 $X[i]<X[j]$。

子序列间的<关系,X_{Si},X_{Sj} 为 X 的子序列,如果 First(X_{Si})<First(X_{Sj}),则称 $X_{Si}<X_{Sj}$。

所谓的序列相似性查找,就是在序列数据库中找到与待测序列最为相似的序列。进行此类查找的主要思想如图 7-5 所示。所构建的序列 X 与 Y 的相似性判别函数常用距离函数 $D(X,Y)$ 来表示。

一般来说,常对相似性匹配进行如下分类,如图 7-6 所示。

傅里叶变换是一种重要的积分变换,早已被广泛应用。给定一个时间序列,可以用离散傅里叶变换把其从时域空间变换到频域空间。根据 Parseval 的理论,时域能量函数与频域能量谱函数是等价的。这样就可以把比较时域空间的序列相似性问题转化为比较频域空间的频谱相似性问题。

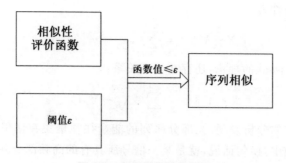

图 7-5　序列相似性的判断

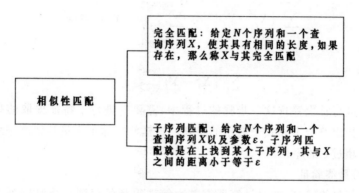

图 7-6　相似性匹配的分类

1. 完全匹配

(1)特征提取

给定一个时间序列 $X=\{x_t\mid t=0,1,2,\cdots,n-1\}$，对 X 进行离散傅里叶变换，得到

$$X_f = 1/\sqrt{n}\sum_{t=0}^{n-1}x_t\exp(-i2\pi ft/n),\quad f=0,1,\cdots,n-1$$

这里 X 与 x_t 代表时域信息，而 $\vec{X}$ 与 X_f 代表频域信息，$\vec{X}=\{x_f\mid f=0,1,2,\cdots,n-1\}$，$X_f$ 为傅里叶系数。

(2)首次筛选

依据 Parseval 的相关理论，发现时域与频域能量谱函数两者存在等量关系，所以

$$\|X-Y\|^2 \equiv \|\vec{X}-\vec{Y}\|^2$$

通常来说，判断两序列相似性时可以采用欧氏距离。若所判断的两序列所距离的欧式距离不大于 ε，那么就认为此两序列相似，也就是说，满足

序列相似的条件为

$$\| X - Y \|^2 = \sum_{f=0}^{n-1} | x_t - y_t |^2 \leqslant \varepsilon^2$$

按照 Parseval 的理论,还存在如下关系:

$$\| \vec{X} - \vec{Y} \|^2 = \sum_{f=0}^{n-1} | X_f - Y_f |^2 \leqslant \varepsilon^2$$

通过一定的分析发现,大部分序列的能量往往聚集在傅里叶变换之后的前几个系数中,换句话说,就是某一信号所具有的高频部分并不拥有较高的地位。所以,仅取前面 f_c 个系数,即

$$\sum_{f=0}^{f_c-1} | X_f - Y_f |^2 \leqslant \sum_{f=0}^{n-1} | X_f - Y_f |^2 \leqslant \varepsilon^2$$

因此

$$\sum_{f=0}^{f_c-1} | X_f - Y_f |^2 \leqslant \varepsilon^2$$

在进行首次筛选这一步骤的过程中,需要在进行了特征提取的频域空间中查找出符合上述式子要求的序列。这样便排除了大量与待测序列的欧式距离超过 ε 的序列。

(3)最终验证

进行最终验证,就是计算所有首次筛选得到的序列与待测序列在时域空间中的欧氏距离,若该距离不超过 ε,则首次筛选得到的序列符合要求。

通过大量的实际数据发现,这种完全匹配方法非常适用于相似性快速查找,并且仅需要用到 1～3 个系数即可以收到满意的结果,需要强调的一点是,此种方法更加适用于序列数目较大、序列长度较长的序列。

2. 子序列匹配

子序列匹配在 n 个长度不同的序列 $Y_1, Y_2, \cdots, Y_n$ 中找到与给定查询序列 X 相似的子序列。1994 年,Faloutsos,Ranganathan 和 Manolopolous 在前人工作的基础上,首次提出时间窗口(Time Window)概念,将长度为序列映射到特征空间(Feature Space)中的一条轨迹(Trail),对窗口内的子序列进行特征提取,再用 R-树结构对模式进行有效匹配,提出了基于离散傅里叶子序列快速匹配的方法。

为了提高查询速度,可以把给定序列所形成的轨迹进行分段,每段用最小边界矩形 MBR(Minimum Bounding(hyper)-Rectangle)来表示,用 R-树来存储和检查这些 MBR。当提出一个查找子序列请求时,首先在 R-上进行检索,避免对整个轨迹的搜索。

　　在序列轨迹分段时,可以根据事先给定值或函数进行,但效果不理想,为此,Faloutsos 等提出了一个基于贪婪算法(Greedy Algorithm)的自适应分段方法:将划分序列轨迹的前两个点作为基准,来表示第一个 MBR,采用代价函数求得边界代价函数值,然后选择划分序列轨迹的第三个点,从而求新的边界代价函数值,若该值有所增加,就重新选择下一个 MBR,否则,把此点纳入第一个 MBR 中,接着执行该过程。

　　图 7-7 和图 7-8 显示了一个有 9 个点的轨迹的分段情况,若按 $\sqrt{\overline{\text{Len}(S)}}$(Len(S)表示序列的长度)划分轨迹,则分段如图 7-6 所示,显然它不如图 7-7。图 7-6 中每个 MBR 所包含的点的个数属于自适应的。

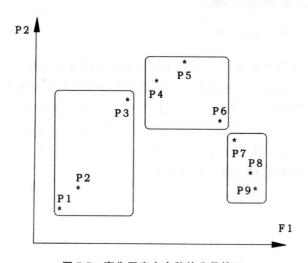

图 7-7　事先固定点个数的分段情况

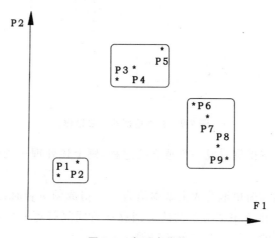

图 7-8　自适应分段

根据所建立索引,可以进行查找,若查找长度等于 ω,将待查找序列 X 映射为特征空间上的点 X',得到一个以 X' 为中心, ε 为半径的球体,对于待查找序列 X 的长度大于 ω 的情况,可以采用前缀查找(Prefix Search)或多段查找(Multipiece Search)进行处理。

7.4　复杂数据类型挖掘

7.4.1　文本数据挖掘

1. 文本挖掘的过程

文本挖掘过程如图 7-9 所示,主要步骤分为文本预处理、文本挖掘和模式评估这三个方面。文本挖掘能够从大量冗长的信息中迅速发现对自己有用的信息,但是在文本集中有时会包含一些没有意义且使用频率较高的词汇,因此文本预处理成为文本挖掘的中间枢纽。在完成预处理之后,利用数据挖掘和模拟识别等方法提取面向特点应用目标的知识或模式,经过评估判断获取的知识或模式是否符合要求。

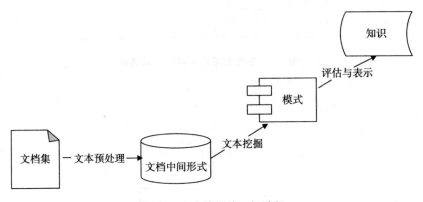

图 7-9　文本挖掘的一般过程

如果把文本挖掘看成一个独立的过程,则上述处理过程可以细化为用图 7-10 表示。

当文本内容简单地看成由基本语言单位组成的集合时,这些单位被称为项(term)。由于中文与英文的文档存在着间隔符等差异,因此中、英文文档内容特征的提取步骤如图 7-11 所示。

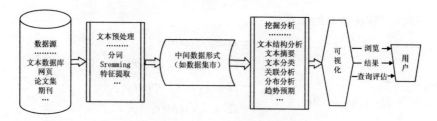

图 7-10　独立文本挖掘的表示方法

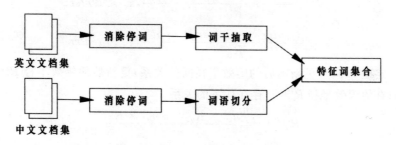

图 7-11　文本特征抽取的一般过程

2. 文本挖掘方法

由于大多数算法都因为计算复杂度太高,而且都需要重新生成分类器,可扩展性差,因此不适合用于大规模的情况。基于上述考虑,这里引入互依赖和等效半径的概念,提出新的分类算法——基于互依赖和等效半径、简单但高效的分类算法 SECTILE(a simple and efficient algorithm to classify texts based on equivalent radius and mutual dependence)。SECTILE 的计算复杂度较低,响应速度快,而且扩展性能较好。

定理 7.1　(重心更新的线性)更新后的重心 $center_{ij}^{(1)}$ 与原有的重心 $center_{ij}^{(0)}$,存在如下的关系

$$center_{ij}^{(1)} = \frac{n \times center_{ij}^{(0)} + x_j}{n+1}$$

证明:由于更新前的重心为 $center_{ij}^{(0)} = \sum_{h=1}^{n} \frac{x_h}{n}$,所以 $\sum_{h=1}^{n} x_h = n \times center_{ij}^{(0)}$ 。则有

$$center_{ij}^{(1)} = \frac{\sum_{h=1}^{n} x_h + x_j}{n+1} = \frac{n \times center_{ij}^{(0)} + x_j}{n+1}$$

定理得证。

定理 7.2　(更新前后 R_{ij}^- 和 R_{ij}^+ 的关系)更新后的 n_{ij}^{+1} 和 n_{ij}^{-1} 与原有的

n_{ij}^{+0} 和 n_{ij}^{-0} 存在如下的关系

$$n_{ij}^{+1} = \begin{cases} n_{ij}^{+0} + \Omega, & x_j < center_{ij}^{(0)} \\ n_{ij}^{+0} - \Omega + 1, & x_j \geqslant center_{ij}^{(0)} \end{cases}$$

$$n_{ij}^{-1} = \begin{cases} n_{ij}^{-0} - \Omega + 1, & x_j < center_{ij}^{(0)} \\ n_{ij}^{-0} + \Omega, & x_j \geqslant center_{ij}^{(0)} \end{cases}$$

式中

$$\Omega = \begin{cases} \dfrac{(center_{ij}^{(0)} - center_{ij}^{(1)}) \times n_{ij}^{-0}}{R_{ij}^{equal(0)}}, & x_j < center_{ij}^{(0)} \\ \dfrac{(center_{ij}^{(1)} - center_{ij}^{(0)}) \times n_{ij}^{-0}}{R_{ij}^{equal(0)}}, & x_j \geqslant center_{ij}^{(0)} \end{cases}$$

定理 7.3 （更新前后的等效半径间的关系）更新后的等效半径 $R_{ij}^{equal(1)}$ 与原有的等效半径 $R_{ij}^{equal(0)}$ 存在如下的关系

$$R_{ij}^{equal(1)} = \frac{n_{ij}^{+1} \times R_{ij}^{+(1)} + n_{ij}^{-1} \times R_{ij}^{-(1)}}{n+1}$$

式中

$$R_{ij}^{+(1)} = \begin{cases} R_{ij}^{+(0)} + center_{ij}^{(0)} - center_{ij}^{(1)}, & x_j < center_{ij}^{(0)} + R_{ij}^{+(0)} \\ x_j - center_{ij}^{(1)}, & x_j \geqslant center_{ij}^{(0)} + R_{ij}^{+(0)} \end{cases}$$

$$R_{ij}^{-(1)} = \begin{cases} center_{ij}^{(1)} - x_j, & x_j < center_{ij}^{(0)} + R_{ij}^{-(0)} \\ R_{ij}^{-(0)} + center_{ij}^{(1)} - center_{ij}^{(0)}, & x_j \geqslant center_{ij}^{(0)} + R_{ij}^{-(0)} \end{cases}$$

7.4.2 在线推荐系统常用算法

1. 文档排序算法

文档排序算法最早是为了解决信息检索领域中的文档排序问题。这是信息检索的重要研究课题,也是先进主流搜索引擎和推荐系统的核心算法之一。例如,搜索引擎返回的用户查询页面包含一系列相关网页,如何让相关度最高且对用户最有价值的网页排在搜索返回页面的上方,是文档排序算法研究的主要问题。

最广为人知的排序算法是谷歌创始人 Larry Page 和 Sergey Brin 共同发明的 PageRank 算法。PageRank 算法将互联网中的网页和网页之间相互指向的超链接抽象成一幅有向图(Directed Grlaph),并想象有一只蚂蚁在有向图上漫无目的地爬行(随机行走)。现在,把目光定格在某个具体的网页上(图中的一个节点)。如果有更多的网页通过超链接指向这个网页,那么,这只随机爬行的蚂蚁就更有可能穿过有向图中代表这个网页的节点。

PageRank 算法计算蚂蚁穿过有向图中每一个节点的概率,并将此作为这个网页重要性的指标(网页的 PageRank 分值)。搜索引擎根据这些网页的 PageRank 分值从大到小排序,并将结果输出到搜索返回页面。我们要注意的是,PageRank 算法计算的每个节点的 PageRank 分值,不只取决于连入当前节点的链接的个数,也取决于这些链接的起始节点本身的 PageRank 分值。如图 7-12 所示,指向一节点 E 的链接共有 6 个,由于这些节点的 PageRank 分值都比较小,所以,节点 E 的 PageRank 分值只是中等大小。相反,连入节点 C 的链接只有一个,但因为它来自 PageRank 分值最大的节点 B,所以,节点 C 的 PageRank 分值反而比节点 E 大。

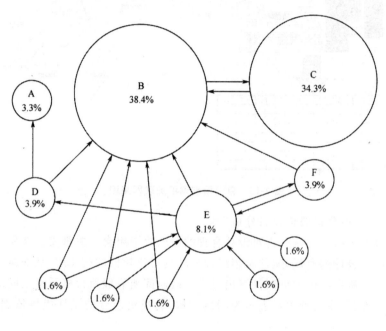

图 7-12　随机行走示例

2. 概率图模型

概率图模型是一类重要的数据挖掘方法,这类模型的目的是在纷繁的数据中挖掘出不同变量之间的相关性。例如,分析电子商务网站中各种产品的销量数据时,概率图模型可以找出那些在销售业绩上相关性很强的产品,从而为商品的打包销售策略提供决策支持。下面简单介绍一些概率图模型在数据挖掘中的应用。

（1）语义网络

语义网络被业界称作下一代搜索引擎的基础性组成部分。语义网络通过网络图的表达形式,关联词汇之间的语义关系,特别是语义网络可将人类自然语言(如中文和英语)中的各种词汇之间的关联性通过一张网络图表达出来。概率图模型可以通过对大量文档的学习,自动计算出自然语言词汇之间的关联,如图 7-13 所示。

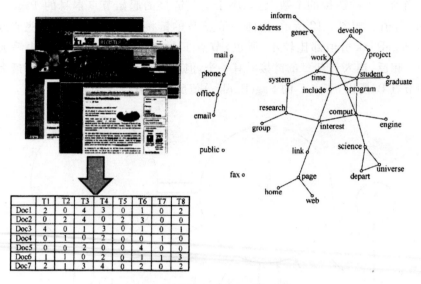

	T1	T2	T3	T4	T5	T6	T7	T8
Doc1	2	0	4	3	0	1	0	2
Doc2	0	2	4	0	2	3	0	0
Doc3	4	0	1	3	0	1	0	1
Doc4	0	1	0	2	0	0	1	0
Doc5	0	0	2	0	0	4	0	0
Doc6	1	1	0	2	0	1	1	3
Doc7	2	1	3	4	0	2	0	2

图 7-13 自然语言词汇关联网络图

(2)上市公司股价关联分析

股票价格的关联分析对设计合理的股票投资组合至关重要。在做投资组合产品设计的时候,通常希望组合产品具有比较低的相关度,从而减少投资风险。概率图模型可以计算出过去一段时间所有股票价格浮动之间的一种相关性,并将这种关系表示为网络结构,为投资组合的设计提供依据,如图 7-14 所示。

(3)网站流量优化

对于一个大型网站来说,当外部流量导入后,需要进一步优化这些流量在网站内部各网页上的分布,进一步优化网站的超链接结构和网页导航,从而让用户在最短的时间内找到他们需要的内容,提升用户体验,同时也提升流量价值。概率图模型可以通过分析过去一个时段内所有访问者对网站中网页的访问情况,计算出网站内部网页之间的相关程度。在优化网站结构时,对于正相关程度很高的若干网页,可以通过添加导航超链接等形式来优化,如图 7-15 所示。

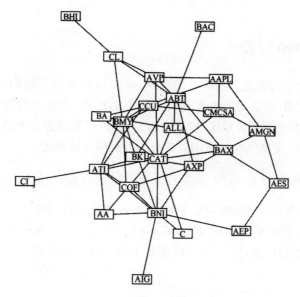

图 7-14　股票价格浮动相关性

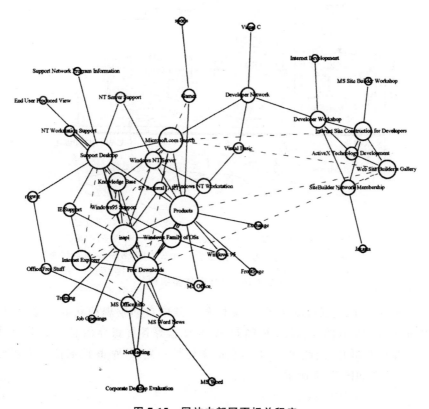

图 7-15　网站内部网页相关程度

7.4.3　Web 挖掘

Web 数据挖掘是一项综合的技术,在半结构化和无结构化文档中,仅仅依靠 HTML 语法对对数据进行结构上的描述,在涉及的众多知识领域中,Web 数据挖掘是数据库、模式识别、自然语言处理等多个研究方向的交汇点,从 Web 文档结构和试用的集合中发现隐含的模式。

1. Web 数据挖掘的分类

要了解 Web 挖掘,首先要了解 Web 的体系结构,即用户的请求及服务器的响应在 WWW(World Wide Web)上的工作流程。WWW 的结构是基于客户/服务器模式,图 7-16 可以清楚了解 WWW 是怎样运行的。

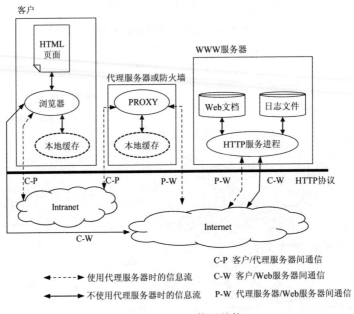

图 7-16　WWW 体系结构

Web 数据挖掘可以从 Web 文档和服务中自动发现和获取信息,包括 Web 文本、Web 图片、Web 视频和 Web 日志等各种媒体信息。由于 Web 上信息的多样化,因此 Web 上信息的多样性决定了 Web 挖掘任务的多样性,其分类如图 7-17 所示。

（1）Web 内容挖掘

Web 内容挖掘可以看作是 Web 信息检索(IR)和信息抽取(IE)的结

合,可分为 Web 文本挖掘和 Web 多媒体挖掘。大多数 Web 挖掘模型都有类似的模型,可以从大量文档的集合的内容进行总结、分类,提取有实用价值的信息。Web 内容挖掘在很多企业中都有着非常重要的作用,其中一个便是可以快速获取同行竞争情报,为企业的发展带来高效的经济价值,过程如图 7-18 所示。

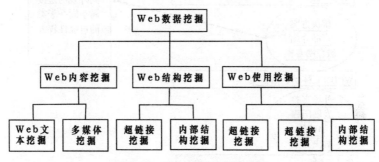

图 7-17　Web 数据挖掘的分类

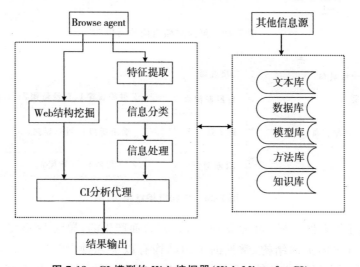

图 7-18　CI 模型的 Web 挖掘器(Web Miner for CI)

Web 文本挖掘不仅能对 Web 上大量信息进行总结、分析,还能利用 Web 文档上的信息进行预测。鉴于这些情况,页内文档结构的利用可以按照如图 7-19 所示进行分类。

(2)Web 结构挖掘

Web 结构挖掘通常用于挖掘 Web 页上的超链接结构,Web 上的超链接结构是一个非常丰富和重要的资源,为人们增强对网页的精确分析处理提供了极大的帮助。一般来说,网站的链接结构有两种基本方式,如图 7-20 所示。

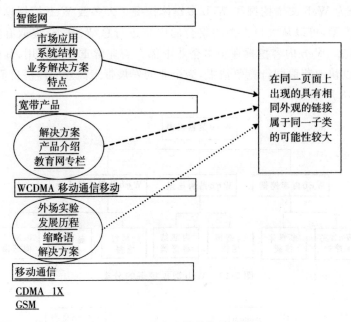

图 7-19　页内文档结构的利用

图 7-20　树状链接结构

　　由于许多网页都是由框架（Frame）组合而产生的，导致 Web 结构挖掘拥有着简单的页面结构，常见的页面结构有以下几种（图 7-21）。页内结构，单个网页里面也存在一定的层次结构，对页内文档结构的提取有助于分析页面内容，提取页面信息。

　　Web 结构挖掘的目标趋向于 Web 文档的链接结构，借鉴超链分析的一些基本思想。Web 文档之间的超链体现了文档之间的逻辑关系，其文档可以指向其他站点的超链，称为间超链。本质上，每个 Web 站点的结构都具有层次性，例如，对 Yahoo 网站分析，很容易从其目录层次得到它的网站结构，其结构如图 7-22 所示。实际上网站的结构还有星形等多样化的结构。

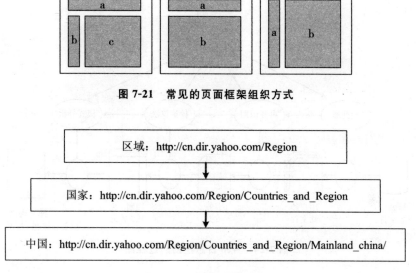

图 7-21　常见的页面框架组织方式

区域：http://cn.dir.yahoo.com/Region

国家：http://cn.dir.yahoo.com/Region/Countries_and_Region

中国：http://cn.dir.yahoo.com/Region/Countries_and_Region/Mainland_china/

图 7-22　目录式网站结构

由于 Web 页面内部存在或多或少的结构信息，在逻辑上可以用有向图表示出来。研究 Web 页面的内部信息结构，把 Web 表示为有向图，可以得到任意两个站点之间的最短路径。通过对浏览路径的有向进行分析，便可在数据库中利用 Web 结构挖掘方法找出网页之间的特性，如图 7-23 所示。

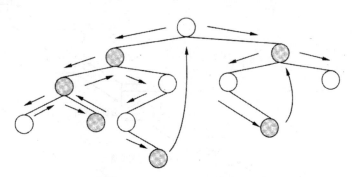

图 7-23　某个用户的浏览路径

（3）Web 使用挖掘

只要用户访问了 Web，Web 服务器便能记录访问者的浏览行为，为站点管理人员提供各种有利于 Web 站点改进的信息。数据预处理完成原始的站点文件可分为四个阶段，如图 7-24 所示。该文件经过过滤、筛选及重组后，便可为用户提供最佳的浏览模式。

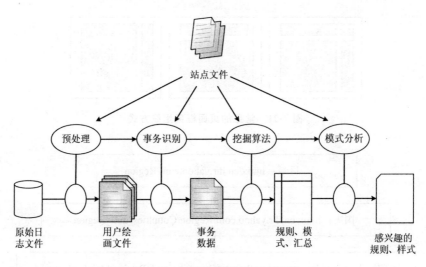

图 7-24　Web 日志挖掘的过程图

2. Web 挖掘过程

Web 挖掘过程与数据挖掘最大的不同在于处理对象和采用的技术方法。通常而言,Web 挖掘主要分为几步,如图 7-25 所示。

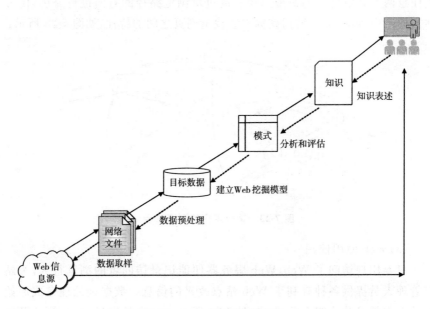

图 7-25　Web 挖掘流程

7.4.4 空间数据挖掘

1. 空间数据结构

空间挖掘(Spatial Mining)是在近年来发展中越来越显得重要。对空间挖掘技术的理解需要相关的空间数据结构知识,而这些知识对于初学者来说并不是一件简单的事。

(1)最小包围矩形

通过完整包含一个空间实体的最小包围矩形(Minimum Bounding Rectangle,MBR)来表示该空间实体。如图 7-26(a)显示为一湖泊的轮廓。如果用传统坐标系统来对这个湖定向,就可以把这个湖放在一个矩形里(边界与轴线平行),如图 7-26(b)所示。还可以通过一系列更小的矩形来表现这个湖,如图 7-26(c)所示,这样能提供与实际物体更接近的结果,不过这需要多个 MBR。另一种更简单的方法是用一对不相邻的顶点坐标来表示一个 MBR,如用 $\{(x_1,y_1),(x_2,y_2)\}$ 来表示图 7-26(b)中的 MBR。

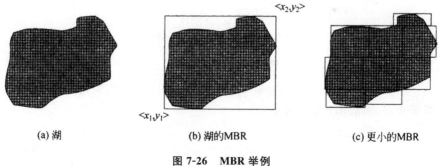

| (a)湖 | (b)湖的MBR | (c)更小的MBR |

图 7-26 MBR 举例

此外还有其他方法存储 MBR 的值。图 7-27(a)的三角形代表一个简单的空间实体,图 7-27(b)显示其对应的 MBR。

(2)空间索引技术

非空间数据库查询使用传统的索引结构。传统数据库的 B 树是通过精确的匹配查询来访问数据的。然而,空间查询会用到基于空间实体相对位置的近似度量。为了有效地进行空间查询,比较明智的方法是把那些在空间中邻近的实体在磁盘上做聚类。最后,所考虑范围内的地理空间会按照邻近的关系分成若干单元,这些单元与存储位置(磁盘上的块)产生联系。相应的数据结构就是基于这些单元构造的。

（a）三角形　　　　　　　　　　（b）三角形的MBR

图 7-27　空间实体举例

2. 空间数据挖掘的过程

空间数据挖掘是空间数据知识发现过程中的一个重要步骤。空间知识发现过程如图 7-28 所示。

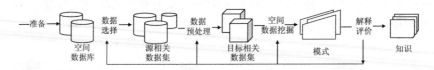

图 7-28　空间知识发现过程图

（1）准备

了解空间数据挖掘（Spatial Data Mining，SDM）的相关情况，熟悉有关背景知识，弄清用户的需求。

（2）数据选择

根据用户的要求从空间数据库（Spatial Data Bases，SDB）中提取与 SDM 相关的数据，构成源相关数据集。

（3）数据预处理

检查数据的完整性和一致性，对其中的噪音数据进行处理，对丢失的数据利用统计方法进行填补，得到目标相关数据集。

（4）空间数据挖掘

首先，根据用户的要求，确定 SDM 要发现的知识类型。然后，选择合适的知识发现算法，并使得选定算法与整个 SDM 的评判标准相一致。最后，运用选定的知识发现算法，从目标相关数据集中提取用户需要的知识。

（5）解释评价

根据某种兴趣度度量，提取用户真正感兴趣的模式，并通过决策支持工具提交给用户。如果用户不满意，则需要重复以上知识发现过程。

7.4.5　视频数据挖掘技术

1. 视频分类

视频分类主要有视频对象分类和对象行为分类两种。

视频对象分类就是把一组视频对象（包括镜头、关键帧、场景、提取出的目标对象、文本等）按照相似性分成若干类。

视频分类的主要技术包括视频分割方法、视频特征提取和数据处理以及视频分类方法三个步骤。具体的视频对象分类方法包括统计方法、机器学习方法和神经网络方法等。其中，统计方法包括贝叶斯法和非参数法（近邻学习或基于事例的学习）。机器学习方法包括决策树法和规则归纳法等。

对象行为分类方法一般有两大类：跟踪模型方法和稀疏分布的行为部件方法。

跟踪模型方法通常假定预先能将活动主体与背景正确地分割开来，跟踪获取对象的运动轨迹，并在此基础上进行行为识别。由此可见，跟踪模型方法的鲁棒性在很大程度上取决于分割和跟踪系统。

行为部件方法通过从视频序列中的特征点上提取时空块来实现行为识别。视频对象的行为可采用单元块作为描述的基本单元，任何一个行为所在区域可以被看作邻近的若干单元块的联合。如此，任何一个行为就可以表示成包含若干个单元块的时空体。在时空体内，可以根据行为自身的特点选取部分时空体进行组合来描述行为。Schuldt 等研究学者设计了一种在三维的 Harris 角点上提取时空块的方法。为了保证行为分类的正确率，行为部件需要分析不同时空块的时空位置关系。

2. 视频聚类

视频聚类是根据视频镜头的颜色直方图、视频对象的运动特征或其他视频语义描述，把一组视频对象按照类别的概念描述分成若干类，从而将相似性高的视频对象划分至同一类。与分类方法不同，聚类的数目预先不确定。与一般聚类不同的是，视频数据聚类具有时间特征，需要在常规聚类算法中增加时间约束。

视频摘要生成就是聚类技术的主要应用。视频摘要生成最常见的一类方法是：先运用聚类方法对视频镜头进行聚类，然后从中挖掘出最能代表原始视频的镜头。视频摘要生成中采用的聚类方法有 k-Means、AP 聚类和多视频摘要生成等。最简单的 k-Means 聚类（或者类似的 k-Medoids 聚类）首先选取特征来表示关键帧，并基于这种特征计算两关键帧之间的相似性，计算出所有关键帧之间的相似性之后,利用 k-Means 聚类将这些帧聚成后类。相比 k-Means 方法,AP 聚类方法可以自动确定聚类的数目,并提升图像分类与聚类的效果。多视频摘要生成方法则可以是对文本和视觉两种信息分别进行摘要聚类生成。

3. 视频关联挖掘

视频关联挖掘将视频对象或其特征值看作数据项,从中挖掘出不同视频对象、视频镜头变换以及视频类型之间的关联,以分析其中的语义含义。关联可以是视频关键帧对象之间的,也可以是从高层抽取的诸如导演与电影类型之间的或者高层事件之间的。视频关联规则也可以反映不同视频对象间的高频率模式。

4. 视频运动挖掘

视频运动挖掘是指在运动特征的提取、分析、处理基础上,挖掘视频对象的运动模式、特点以及运动对象之间的关联等,进而获取知识,以支撑实时视频的监控、报警等。

7.4.6　数据可视化

1. 数据挖掘可视化的过程与方法

图 7-29 是 Card 等提出的信息可视化简单参考模型的图示。数据挖掘过程中的可视化,主要就是如何实现参考模型中定义的映射、变换和交互控制。可以把各种数据信息可视化看作是从数据信息到可视化形式再到人的感知系统的可调节的映射。

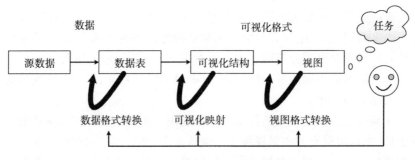

图 7-29　信息可视化参考模型

从该模型可以看出,可视化是一系列的数据变换。用户可以对这些变换进行控制和调整。"数据格式转换"把各种各样的原始数据映射并转换为可视化工具可以处理的标准格式;"可视化映射"运用可视化方法把数据表转换为可视化结构;"视图格式转换"通过定义位置、图形缩放、剪辑等图形参数创建可视化结构的视图,最终服务于要完成的任务。

与数据挖掘可分阶段进行类似,可视化数据挖掘也可以大致分为四个主要阶段。

(1)数据收集阶段

确定业务对象开展原始数据收集。这一阶段用到的可视化技术主要是数据可视化。

(2)数据预处理阶段

对源数据进行预处理,是数据挖掘的必要环节。由于源数据可能是不一致的或者有缺失值,因此数据的整理是必需的,以便于下一步数据挖掘的顺利进行。这一阶段同上一阶段一样也是以数据可视化为主。

(3)模式发现阶段

数据挖掘的方法主要包括三大类:统计分析、知识发现、其他可视化方法。这一阶段主要用到的是针对过程和交互进行可视化的工具。

(4)模式可视化阶段

分析、解释模式。使用各种可视化技术,将数据挖掘的结果以各种可见的形式表现出来,并使用各种已知技术手段,对获得的模式进行数据分析,得出有意义的结论。数据挖掘的最终目的是辅助决策,可视化数据挖掘也不例外,而且可以更直观地验证模型的正确性,一旦有必要就可以调整挖掘模型。也就是可以在用户直接参与的情况下不断重复进行挖掘来获得期望或是最佳的结果。这样决策者就能根据挖掘的结果,结合实际情况,调整竞争策略等。

2. 多维数据的平行坐标表示法

平行坐标技术适用于变化的多维数据集,是一种表达多维空间中数据的一种几何投影方式。在传统坐标系中,所有轴相互交叉。在平行坐标中,所有轴都平行并且等区间。为简化起见,将相邻两轴间距离设为 1,轴与轴之间平行,就可将三维以上空间的点、线及平面在平行坐标上表示出来。给出一个六维点 $(-5,3,4,-2,0,1)$,图 7-30 是该点在平行坐标中的表示方法。

图 7-30 中共有 6 条等距离、平行且分别标记为 $X_1 \sim X_6$ 的坐标轴。给出任意点 $(x_1,x_2,\cdots,x_n)$,首先在各自轴上画出点 x_i,再将所有点用线连接起来,图 7-31 是一个具有 7 维数据的平行坐标示意图。

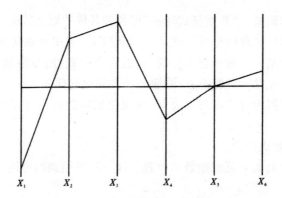

图 7-30　一个六维空间点的平行坐标

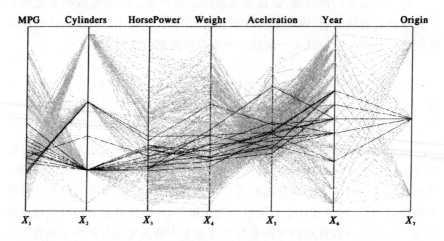

图 7-31　7 维数据库的平行坐标示意图

　　为了在二维的平行坐标上画出一条线 $x_2 = -3x_1 + 20$，先给出在平面坐标上该线的点，如图 7-32 所示。图 7-33 是在平行坐标上这些点的表示方法。可以看出，在平行坐标中，所有的"线"（代表点）都汇集在同一点上。通常，若 m 不等于 1，一条二维的线 $x_2 = mx_1 + b$ 在平行坐标中是由点 $(1/(1-m), b/(1-m))$ 表示，若 m 等于 1，在平行坐标上该线就无法表示。

　　一条 n 维的线可由如下的若干代数式表示

$$x_i = m_i x_{i-1} + b_i (i = 2, \cdots, n)$$

　　其中，每条线都符合二维线的定义，因此，可在平行坐标上由若干个点表示。例如，四维线

$$x_2 = -3x_1 + 12$$
$$x_3 = -4x_2 + 48$$
$$x_4 = -2x_3 - 54$$

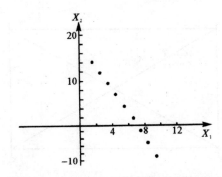

图 7-32 $x_2 = -3x_1 + 20$ 在平面坐标上的点

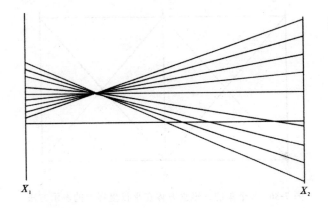

图 7-33 $x_2 = -3x_1 + 20$ 在平行坐标上的表示法

图 7-34 是该四维线在平行坐标上由若干点组成的表示方法。平行坐标为高维对象（如超立方体）提供了一种非常简便的表示方法。图 7-35 是具有 4 个角的二维平面在平行坐标上的表示方法，图 7-36 是具有 8 个角的三维立方体在平行坐标上的画法，图 7-37 是具有 256 个角的八维超立方体在平行坐标上的画法。

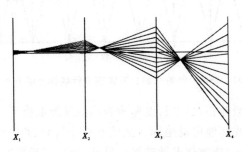

图 7-34 四维线在平行坐标上的表示方法

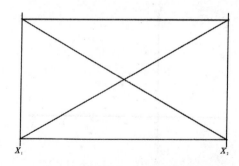

图 7-35　4 个角的二维平面在平行坐标上的表示方法

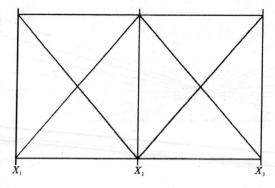

图 7-36　8 个角的三维立方体在平行坐标上的表示方法

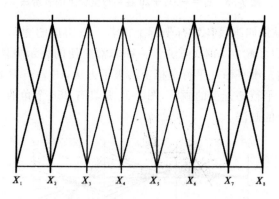

图 7-37　256 个角的八维立方体在平行坐标上的表示方法

　　与传统直角坐标相比,平行坐标所表达的维数取决于屏幕的水平宽度,而不必使用矢量或其他可视坐标。虽然平行坐标可以考察数据相关性,但随着样本数量增加,这种优点被破坏。另外,通过平行坐标不能看出数据分布情况,为此,需要考虑其他的数据可视化方法。

3. 圆形分段：一种大数据量多维数据可视化技术

圆形分段的基本思想不再是在单个子窗口表现各属性值，而是每一个像素对应一个值，将每个数据值映射成一个具有颜色的像素，将属于每一维上的数据在屏幕的不同区间上显示，每个属性占有圆环的一段。由于每个数据值由一个像素表示，以往提出的可视化方法中，在屏幕上同时显示的数据项数量很少（在 100～5000 个数据值的范围），这里给出的可视化技术可以显示的数据项较多（可多达 100 万个数据值）。其问题就是像素如何在屏幕上排列。这里所给出的每一个数据值对应着一个像素，如图 7-38 所示的可视化技术称为圆形分段（Circle Segment）。

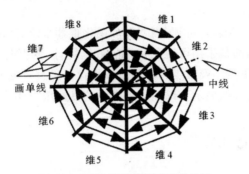

图 7-38　8 维数据的圆形分段技术

圆形分段可视化的基本概念就是在圆形的每一个段上显示一维数据。若数据由 k 维组成，将圆形分成 k 段，每一段表示一维数据，在一段内数据项的排列方式沿着称为"画笔（Draw-line）"的方向在段内一来一回排列，该画笔与段的中线正交。

4. 数据可视化在大数据中的应用

目前，业界在大数据可视化上的应用，归纳起来主要有以下几个方向。

（1）基于数据可视化平台，为个体或企业提供可视化服务

如 Many Eys、number picture 等搭建在线可视化平台，允许用户上传或在线获取需要进行可视化的数据，采用平台提供的可视化模板或自己在平台上创建模板，将数据进行可视化展示或在线发布、共享可视化结果。付费用户可享受更高级别的定制功能或将可视化结果下载到本地、分享到其他网站。

（2）基于数据可视化产品，为企业提供可视化开发工具和开发环境以及可视化解决方案

如 Tableau 拥有 Tableau Desktop、Tableau Server、Tableau Public 等

产品,可以将大量数据拖放到数字"画布"上,快速创建好各种图表。在这些可视化产品的基础上,免费版主要面向博客作者和媒体公司,创建的可视化展示只能在线发布,而不能进行本地下载等操作。更多的功能使用以及针对性的可视化解决方案均通过收费方式对外提供。

(3)结合数据可视化技术,开发独立的数据产品,充分挖掘数据的价值

如淘宝数据魔方,将传统的数据统计与分析模式与可视化技术相结合,充分挖掘海量交易数据的内在价值,以收费的方式向淘宝卖家或买家提供简洁、直观以及针对性的可视化数据分析工具。淘宝卖家或买家通过该可视化分析工具可方便、实时和准确地了解相关市场行情、动态和店铺的运营情况。

(4)各种可视化应用

如可视化图片搜索、可视化新闻、可视化推荐系统、微博可视化分析等,这些可视化应用都是采用可视化技术与数据统计、挖掘与分析相结合的方式,将不同的海量数据及数据内在信息和规律以最直观的方式展现给用户,极大地提升了大数据展示下以用户为中心的良好用户体验。

7.4.7　特异群组挖掘

挖掘高价值、低密度的数据对象是大数据的一项重要工作,甚至高价值、低密度常常用于描述大数据的特征。存在这样一类数据挖掘需求:将大数据集中的少部分具有相似性的对象划分到若干个组中,而大部分数据对象不在任何组中,也不和其他对象相似(图 7-39)。将这样的群组称为特异群组,实现这一挖掘需求的数据挖掘任务被称为特异群组挖掘。

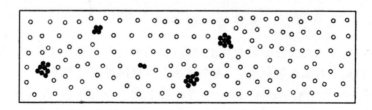

图 7-39　大数据集里的特异群组

定义 7.1 (τ-特异群组挖掘):特异群组挖掘问题是找到数据集中所有的特异群组,满足特异群组集合 C 的紧致度最大,且 $|C|=\tau$,其中 $\tau(\tau\geqslant2)$ 是一个给定阈值。

特异群组挖掘框架算法如图 7-40 所示。

特异群组挖掘在证券金融、医疗保险、智能交通、社会网络和生命科学

研究等领域具有重要应用价值。

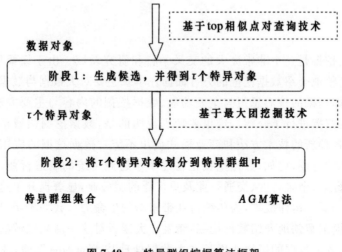

图 7-40　τ-特异群组挖掘算法框架

7.4.8　异质数据网络挖掘

大数据环境下,数据的组织方式和以前不同,数据网络成为一种主要组织方式,例如,社交网络、文献网络(如 DBLP)、生物数据网络等。近年来,数据网络分析在计算机科学、社会学、物理学、经济学、生物学等许多学科中都受到了关注。异质数据网络是一种具有多种类型对象(节点)和多种类型连接(边)的数据网络,已经日渐成为一种常见的应用数据集。异质网络中的不同路径代表了对象间的不同关系,诠释了不同的语义信息。挖掘算法在不同路径上返回的结果不同,另外大型异质网络中节点的密集程度也不相同(有些节点有大量的路径连接)。

异质数据网络[①]目前仍然是一个新的研究领域,还有许多问题亟待解决,具体研究内容包括异质数据网络相似性度量的设计,异质数据网络相似性查询算法研究,异质数据网络相似性连接算法研究,异质数据网络特异群组挖掘算法研究,异质数据网络挖掘算法与医疗、生命科学、社交网络等特定应用中的知识相结合的问题等等。

---

① 　Sun Y,. Han J. Mining heterogeneous information networks:a structural analysis approach SIGKDD Explorations,14(2):20-28,2012.

小　结

　　数据挖掘是一个非常庞大的交叉学科和研究领域。由于篇幅所限,本书不能完整地介绍数据挖掘的方方面面。本章主要对大数据与数据挖掘的关系、数据挖掘的核心思想与主要功能、数据挖掘的内容与主要方法、复杂数据类型挖掘进行了介绍。这里要特别说明的是,数据挖掘领域正在进入爆发期,各种新的技术方法和商业模式层出不穷。数据挖掘的应用涵盖了越来越多的行业,比如,数据挖掘正在逐步渗透到传统的制造行业、零售行业、能源行业、金融行业、交通行业及更广泛的服务业,显著提升了这些行业的效率,降低了运作成本,为传统行业带来新的生命力。我们希望以此为契机,通过提纲挈领地介绍数据挖掘,激发广大读者对这一新兴领域的兴趣。

　　随着各类数据的爆炸式增长和大数据处理技术的不断发展,我们与数据的交互方式也会不断的革新。大数据展示技术提供给我们简洁、直观、高效的方式来洞察和理解数据中深层次的信息,而现代化的交互技术则让我们体验到"人机合一"的境界,能够随心所欲地用我们的语音、体态、动作、表情甚至是思维意识来控制与机器和数据的互动。未来的大数据展示与交互技术,一定是朝着更方便、更灵活、更个性化和高互动性的方向发展。

参考文献

[1] 王鹏,李俊杰,谢志民等. 云计算和大数据技术:概念、应用与实战[M].2 版.北京:人民邮电出版社,2016.

[2] 中科普开.大数据技术基础[M].北京:清华大学出版社,2016.

[3] 熊赟,朱扬勇,陈志渊.大数据挖掘[M].上海:上海科学技术出版社,2016.

[4] 汤兵勇.云计算概论:基础、技术、商务、应用[M].北京:化学工业出版社,2016.

[5] 周苏,冯婵璟,王硕苹等.大数据技术与应用[M].北京:机械工业出版社,2016.

[6] 武志学.云计算导论:概念架构与应用[M].北京:人民邮电出版社,2016.

[7] 陆平,李明栋,罗圣美,钟健松.云计算中的大数据技术与应用[M].北京:科学出版社,2013.

[8] 徐保民.云计算解密:技术原理及应用实践[M].北京:电子工业出版社,2014.

[9] 黎连业,王安,李龙.云计算基础与实用技术[M].北京:清华大学出版社,2013.

[10] 王鹏,黄焱,安俊秀等.云计算与大数据技术[M].北京:人民邮电出版社,2014.

[11] 周品.云时代的大数据[M].北京:电子工业出版社,2013.

[12] 杨正洪.大数据技术入门[M].北京:清华大学出版社,2016.

[13] 赵勇,林辉等.大数据革命:理论、模式与技术创新[M].北京:电子工业出版社,2014.

[14] 吴昱.大数据精准挖掘[M].北京:化学工业出版社,2014.

[15] 中科院深圳先进技术研究院—国泰安金融大数据研究中心.大数据导论:关键技术与行业应用最佳实践[M].北京,清华大学出版社,2015.

[16] 雷万云等.云计算:技术、平台及应用案例[M].北京:清华大学出版社,2011.

[17] 虚拟化与云计算小组. 云计算宝典：技术与实践[M]. 北京：电子工业出版社,2011.

[18] 冯广,翟兵."云"算网传两交辉——云计算技术及其应用[M]. 广州：广东科技出版社,2013.

[19] 雷葆华. 饶少阳,江峰等. 云计算解码：技术架构和产业运营[M]. 北京：电子工业出版社,2011.

[20] 张水平,张凤琴等. 云计算原理及应用技术[M]. 北京：清华大学出版社；北京交通大学出版社,2013.

[21] 刘黎明,王昭顺. 云计算时代：本质、技术、创新、战略[M]. 北京：电子工业出版社,2014.

[22] 周洪波. 云计算：技术、应用、标准和商业模式[M]. 北京：电子工业出版社,2011.

[23] 万川梅. 云计算应用技术[M]. 成都：西南交通大学出版社,2013.

[24] 徐守东. 云计算技术应用与实践[M]. 北京：中国铁道出版社,2013.

[25] 黎连业,王安,李龙. 云计算基础与实用技术[M]. 北京：清华大学出版社,2013.

[26] 李天目. 云计算技术架构与实践[M]. 北京：清华大学出版社,2013.

[27] 王鹏. 云计算的关键技术与应用实例[M]. 北京：人民邮电出版社,2010.

[28] Calheiros R N,Ranjan R,Beloglazov A,et al. CloudSim:a toolkit formodeling and simulation of cloud computing environments and evaluation of resource provisioning algorithms[J]. Software:Practice and experience,2011,41(1):23—50.

[29] 孟小峰,慈祥. 大数据管理：概念,技术与挑战[J]. 计算机研究与发展,2013,50(1):146—169.

[30] Hey T,Tansley S,Tolle K M. The fourth paradigm:data-intensive scientific discovery[M]. Redmond,WA:Microsoft research,2009.

[31] HWANG K. 云计算与分布式系统：从并行处理到物联网[M]. 北京：机械工业出版社,2013.

[32] 陆嘉恒. 大数据挑战与 NoSQL 数据库技术[M]. 北京：电子工业出版社,2013.

[33] 张德丰. 云计算实战[M]. 北京：清华大学出版社,2012.

[34] 王意沽. 云计算环境下的分布存储关键技术[J]. 软件学报,2012,(23)4:962—985.

[35] 秦秀磊. 云计算环境下分布式缓存技术的现状与挑战[J]. 软件学

报,2013,24(1):50—66.

[36] Chang F,Dean J,Ghemawat S,et al. Bigtable:A distributed storage system for structured data[J]. ACM Transactions on Computer Systems (TOCS),2008,26(2):4.

[37] DeCandia G,Hastorun D,Jampani M,et al. Dynamo:amazon's highly available key-value store[J]. ACM SIGOPS operating systems review,2007,41(6):205—220.

[38] Gilbert S,Lynch N. Perspectives on the CAP Theorem[J]. Computer,2012,45(2):30—36.

[39] Vogels W. Eventually consistent[J]. Communications of the ACM,2009,52(1):40—44.

[40] Cattell R. Scalable SQL and NoSQL data stores[J]. ACM SIGMOD Record,2011,39(4):12—27.

[41] 申德荣,于戈,王习特,聂铁铮,寇月. 支持大数据管理的 NoSQL 系统研究综述[J]. 软件学报,2013,24(8):1786—1803.

[42] Kraska T,Hentschel M,Alonso G,et al. Consistency rationing in the cloud:pay only when it matters[J]. Proceedings of the VLDB Endowment,2009,2(1):253—264.

[43] Jelasity M,Montresor A,Babaoglu O. Gossip-based aggregation in large dynamic networks[J]. ACM Transactions on Computer Systems (TOCS),2005,23(3):219—252.

[44] 冯登国,张敏,张妍,徐震. 云计算安全研究[J]. 软件学报,2011,22(1):71—83.

[45] Malewicz G,Austere M H,Bik A J,et aL Pregel:a system for large-scale graph processin9. In Proceedings of the 2010 ACM SIGMOD International Conference on Management of data,ACM,2010:135—146.

[46] Low Y,Bickson D,Gonzalez J,et al. Distributed graphlab:a framework for machine learning and data mimng in the cloud. Proceedings of the VLDB Endowment,2012,5(8):716—727.

[47] Chang F,Dean J,Ghemawat S,et al. Bigtable:A distributed storage system for structured data. ACM Transactions on Computer Systems (TOCS),2008,26(2):4.

[48] Bell G Hey T,Szalay A. Beyond the data deluge[J]. Science,2009,323(5919):1297—1298.

[49] Gupta R,Gupta H,Mohania M. Cloud Computing and Big Data

Analytics: What Is New from Databases Perspective? [M]//Big Data Analytics. Springer Berlin Heidelberg, 2012:42—61.

[50] Bahmani B, Moseley B, Vattani A, et al. Scalable k-means++[J]. Proceedings of the VLDB Endowment(PVLDB), 2012, 5(7):622—633.

[51] Arthur D, Vassilvitskii S. k-means++: The advantages of careful seeding[J]. Eighteenth Acm-siam Symposium on Discrete Algor, 2007, 11 (6):1027—1035

[52] Zheng QL, Fang M, Wang S, Wang XQ, Wu XW, Wang H. Scientific Parallel Computing Based on MapReduce Model [J]. Micro Electronics & Computer, 2009, 26(8):13—17.

[53] Dean J, Ghemawat S. MapReduce: simplified data processing on large clusters[J]. Communications of the ACM, 2008, 51(1):107—113.

[54] Barham P, Dragovic B, Fraser K, Hand S, Harris T, Ho A, Neugebauer R Pratt l, Warfield A. Xen and the art of virtualization[J]. ACM SIGOPS Operating Systems Review, 2003, 37(5):164—177.

[55] Li YL, Dong J. Study and Improvement of MapReduce based on Hadoop[J]. Computer Engineering and Design, 2012, 33(8):3110—3116.

[56] Vattani A. k-means requires exponentially many iterations even in the plane[J]. DCG, 2011, 45(4):596-616.

[57] Wu Xindong, Kumar V, Quinlan J R, et al. Top 10 algorithms in data Mining[J]. Knowledge and Information Systems, 2008, 14(1):1—37.

[58] Aloise D, Deshpande A, Hansen P, et al. NP-hardness of Euclidean sum-of-squares clustering[J]. Machine Learning, 2009, 75(2):245—248.

[59] Aiyer A S, Bautin M, Chen G J, et al. Storage Infrastructure Behind Facebook Messages: Using HBase at Scale[J]. IEEE Data Eng. Bull. , 2012, 35(2):4—13.

[60] Melnik S, Gubarev A, Long J J, Romer G Shivakumar S, Tolton M, Vassilakis T. Dremel: interactive analysis of web-scale datasets[J]. Proceedings of the VLDB Endowment, 2010, 3(1—2):330—339.

[61] Stonebraker M, Cetintemel U, Zdonik S. The 8 requirements of real-time stream processing[J]. ACM SIGMOD Record, 2005, 34(4):42—47.

[62] Lamb A, Fuller M, Varadarajan R, et al. The veaica analytic database: C-store 7 years later[J]. Proceedings of the VLDB Endowment, 2012, 5(12):1790—1801.

[63] Chang F, Dean J, Ghemawat S, et al. Bigtable: A distributed stor-

age system for structured data[J]. ACM Transactions on Computer Systems(TOCS),2008,26(2):4.

[64] Thusoo A,Sarma J S,Jain N,et al. Hive:a warehousing solution over a map-reduce framework[J]. Proceedings of the VLDB Endowment, 2009,2(2):1626—1629.

[65] Herodotou H,Babu S. Profiling,what. if analysis,and cost-based optimization of MapReduce programs[J]. Proceedings ofthe VLDB Endowment,2011,4(11):1111—1122.

[66] Koren Y,Bell R,Volinsky C. Matrix factorization techniques for recommender systems[J]. Computer,2009,42(8):30—37.

[67] Lim,Harold,Herodotos Herodotou,and Shivnath Babu. Stubby: a transformation-based optimizer for MapReduce workflows[J]. Proceedings of the VLDB Endowment,2012. 5(11):1196—1207.

[68]Zhang Yanfeng,Qixin Gao,Lixin Gao,and Cuirong Wang. imapreduce:A distributed computing framework for iterative computation[J]. Journal of Grid Computing,2012. 10(1):47—68.

[69] 黄山,王波涛,王国仁,于戈,李佳佳. MapReduce 优化技术综述 [J]. 计算机科学与探索,2013.7 (10):865—885.

[70] Baomin Xu,Chunyan Zha0,Enzhao Hu,and Bin Hu. Job scheduling algorithm based on Berger model in cloud environment[J]. Advances in Engineering Software,2011,42(7):419—425.

[71] 左利云,曹志波. 云计算中调度问题研究综述[J]. 计算机应用研究,2012,29(11):4023—4027.

[72] Zaharia,M. ,Konwinski,A. ,Joseph,A. D. ,Katz,R. H. ,&Stoica,I. Improving MapReduce Performance in Heterogeneous Environments [J]. OSDI'08 Proceedings of the 8th USENIX conference on Operating systems design and implementation,2008,8(4):29—42.

[73] Hrlshlkesh Dewan. REDIS:the Data Structure Server for your Cloud[J]. PC Quest,2011,5(1):13—19.

[74] Gilbert,Seth,and Nancy Lynch. Perspectives on the CAP Theorem[J]. Computer,2012:45(2):30—36.

[75] Vogels,Werner. Eventually consistent[J]. Communications of the ACM,2009,52(1):40—44.

[76] Cattell,Rick. Scalable SQL and NoSQL data stores[J]. ACM SIGMOD Record,2011,39(4):12—27.

［77］黄华，杨德志，张建刚. 分布式文件系统［J］. 信息技术快报，2004，2(10):17.

［78］Kraska，Tim，Martin Hentschel，Gustavo Alonso，and Donald Kossmann. Consistency Rationing in the Cloud:Pay only when it matters ［J］. Proceedings of the VLDB Endowment，2009，2(1):253－264.

［79］Jelasity，Mfirk，Alberto Montresor，and Ozalp Babaoglu. Gossip-based aggregation in large dynamic networks［J］. ACM Transactions on Computer Systems，2005，(23)3:219－252.

［80］L Lamport. The part-time parliament［J］. ACM Transactions on Computer Systems，1998，16(2):133－169.

［81］Schneider，David，and Q. U. E. N. T. I. N. Hardy. Under the hood at google and facebook［J］. Spectrum，IEEE，2011，48(6):63－67.

［82］Ghemawat S. ，Gobioff H. ，&Leung S. T. The Google file system［J］. In ACM SIGOPS Operating Systems Review，2003，37(5):29－43.

［83］郑启龙，王昊，吴晓伟，房明. HPMR:多核集群上的高性能计算支撑平台［J］. 微电子学与计算，2008，25(9):21－23.

［84］Ghemawat S，Gobioff H，Leung S T. The google file system［C］//ACM SIGOPS Operating Systems Review. ACM，2003，37(5):29－43.

［85］Sun Y,. Han J. Mining heterogeneous information networks:a structural analysis approach SIGKDD Explorations，14(2):20－28，2012.

［86］汪楠. 基于 OpenStack 云平台的计算资源动态调度及管理［D］. 大连:大连理工大学，2013.

［87］何清，庄福振，曾立，等. PDMiner:基于云计算的并行分布式数据挖掘工具平台［J］. 中国科学:信息科学，2014，44(7):871－885.

［88］张功荣. 基于云计算的海量图像处理研究［D］. 福州:福建师范大学，2015.

［89］陈蕊. 基于 HDFS 的云存储系统设计与实现［D］. 厦门:厦门大学，2013.

［90］蒋向阳. 基于 Hadoop 的云安全存储系统的设计与实现［D］. 广州:广东工业大学，2014.

［91］赵龙. 基于 hadoop 的海量搜索日志分析平台的设计和实现［D］. 大连:大连理工大学，2013.